IMPRES

技術の泉シリーズ

JN123831

SysML 入門

杉浦 清博 著

システムモデリング言語 SysML の解説書！

インプレス

技術の泉 SERIES

目次

はじめに

　SysML は UML（Unified Modeling Language：統一モデリング言語）を拡張して作られたシステム記述言語です。UML がソフトウェア、特にオブジェクト指向プログラミング言語を利用したものに適しているモデリング言語であるのに対して、SysML はハードウェアなど、システムのあらゆる側面をモデル化できるように拡張されています。SysML の利用はそれほど進んではいませんが、強力なモデリング言語です。

　2022年11月の時点でSysMLの解説書はいくつか出版されていますが、その多くがソフトウェア開発の知識やUMLの使用経験があることを前提としているような内容であり、これらの知識がないと理解しづらい内容になっています。また、英語の翻訳本には元が英文独特の文章であるため、日本語訳も難解な文章になっているものもあります。そこで本書は、UMLの知識がなくても理解できる日本語の本を目指して執筆しました。

　本書はSysMLの入門用の内容として、よく使われる図のみに絞って記述しています。SysMLの文法は非常に大きいこともあり、あまり使われないと思われる記述方法や理解が困難だと考えられる内容は大幅に省いています。詳細に書くといくら紙面があっても足りないため、この点はご容赦願います。詳細な文法はSysMLの仕様書や他の解説書を参考にしてください。特にユースケース図、アクティビティ図、ステートマシン図、シーケンス図はUMLでもほぼ同じ文法なので、高度な状態やアクティビティの記述を知りたい方は、他のUML解説書を参照していただけるようにお願いします。

　至らない点が多いかと思いますが、本書が少しでもシステムモデリングの手助けになれば幸いです。

　2022年11月　筆者

第1章　システムズエンジニアリングとSysML

1.1　システムズエンジニアリング

システム開発の現状

　近年、製品・サービスの開発環境は以前と比べて大きく変化しています。システムの大規模化や複雑化が進み、それに伴って考慮しなければならないステークホルダ（利害関係者）が増加してきました。

　この好例は自動車でしょう。現在の自動車はインターネットの接続や自動運転など、以前にはなかった複雑な機構が組み込まれています。これに従って開発に必要な領域が広くなり、多くの専門家が開発に参加するようになりました。加えて対応しなければならない法令や規格も増え、ステークホルダ間の意見の合意も困難になってきています。現在のシステム開発は、以前とは比べられないほど複雑になりつつあります。

システムズエンジニアリング

　このような状況に対応してシステム開発を成功に導くために、システムズエンジニアリングと呼ばれる手法が存在しています。システムズエンジニアリングは、システム開発を成功させるための複数の専門分野にまたがるアプローチと手段と定義されます。

　システムズエンジニアリングは航空、宇宙開発での規格、開発アプローチを体系化したもので、ISO/IEC/IEEE 15288:2015で標準化されています。対象となるシステムはソフトウェア、ハードウェア開発だけでなく、新規事業の展開や社会システムの設計など、幅広い分野にわたります。

システムズエンジニアリングの４つのポイント

　システムズエンジニアリングによる開発の特徴は、次の４つのポイントで説明されます。[1]システムズエンジニアリングでは、この４つの視点からシステム開発にアプローチしていきます。

　・目的志向と全体俯瞰

　目的志向とは、システムが何のために存在しているのか目的を明らかにして、本来の役割を明確に定義していく手法です。常にシステム本来の目的を考え、システムに求められている事柄の達成を目指します。

　全体俯瞰は、視点と視野を変えながらシステム全体を見て、システムと外部との関係性をとらえる手法です。視点とは、システムに関係する外部の要素（ユーザーの使用方法や外部の別システムなど）です。関係する外部要素を変化させてシステムに求められることを分析することによって、新たな問題と解決策を考察していきます。

---

1. 独立行政法人情報処理推進機構. SECBOOKS 成功事例に学ぶシステムズエンジニアリング. 独立行政法人情報処理推進機構, 2018

・多様な専門分野を統合

様々な専門知識をシステムに取り入れていく手法です。単純に専門知識を結合するだけでなく、相互作用できるように統合することで、システムに高い付加価値を与えることができます。

・抽象化・モデル化

抽象化、モデル化とは、システムを目的に適合したレベルで単純化していくことです。抽象化の粒度によって、システム本体の目的の明確化に適したモデルや、全体の俯瞰に適したモデルを作成することができます。また、関係者間の意見の違いをすり合わせるためには、システムの構造を容易に理解できるモデルとして表すことが求められます。

・反復による発見と進化

繰り返し開発を行うことで、システムを洗練させていく手法です。開発初期段階ではシステムには多くの不確定要素が含まれています。不確定要素は開発が進むにつれ明らかになっていきますので、開発サイクルを繰り返すことでシステムは洗練されていきます。また、開発中に外部環境が変化した場合（たとえば、新たな技術が利用できるようになった）でも、繰り返し開発ならシステムを変化に適応させていくことが容易です。

1.2　SysML

モデリング言語の必要性

システムズエンジニアリングを成功させるためには、開発するシステムの構造を理解することと、多様なステークホルダ間でシステムについての意思疎通ができることが必要になります。このためには、システム構造を理解しやすい形状で記述することが求められます。この目的には、文章による記述は適していません。なぜなら、自然言語にはどうしてもあいまいな部分があるからです。同じ文章であっても、読む人によって異なった意味に解釈されることがよくあります。

そのため、自然言語以外の方法でシステムを一義的に記述する、人工的な言語が求められました。必要とされるものは、開発するシステムをモデル化できるモデリング言語です。

モデリングとは何か

モデルとは一般的によく使われる言葉ですが、ここでの定義は「対象の情報を抽象化して表したもの」とします。そして、対象から不要な情報を取り除き、必要な情報だけで表すことがモデリングです。

たとえば、自動販売機システムを開発しているとします。開発に関わるステークホルダ間で共通の認識を持つためには、開発しようとしている自動販売機がどのようなものなのかを書き表す必要があります。この目的として、実際の外見や機構を忠実に書き表すことは求められていません。システムを構成する要素はもっと単純化した形でよく、四角を書いて中に要素の名前を書けば、十分に何を表しているのかがわかります。このような図を集めて記述すると、図1.1のようになります。この図でもそれが自動販売機を表していることがわかるので、自動販売機のモデルといえます。このように、対象を抽象化した形に描きなおすことがモデリングです。

モデルは、たいていの場合は図として表記されます。文章と比べると、図による表記のほうが読み手による解釈の違いが少なくなるからです。また、図の方が読み手の知識の過多にかかわらず、内容を理解することが容易になります。

システムズエンジニアリングに必要なモデリング言語

ソフトウェア開発でのモデリングにはUML（Unified Modeling Language：統一モデリング言語）が広く使われていました。UMLは図を使ってソフトウェアの構造と振る舞いを記述するモデリング言語であり、ソフトウェア開発では広く普及して使われています。UMLを使ってソフトウェア以外のシステムを表現することも可能ですが、UMLをシステムズエンジニアリングの用途に使うためには、いくつか不足する点がありました。

・要求を表現する手段が少ない

UMLには、要求そのものを記述する図がありません。ユースケース図などを利用してある程度は記述できますが、ソフトウェアの機能に関係しない要求（たとえば使いやすさ等）は記述できませんでした。

・ハードウェアを含めたシステムの表現が困難

もともとUMLは、ソフトウェアの構造を記述するために開発されたモデリング言語です。そのため、ソフトウェア以外のシステム要素を記述することには向いていません。

そこで、これらの欠点を補ったモデリング言語として、UMLの仕様を拡張したモデリング言語であるSysMLが策定されました。SysMLはUMLをベースにしており、一部の図はUMLから引き継ぐ形でSysMLにも導入されています。SysMLは以下の図で構成されています。

・UMLに含まれる図をそのまま導入した図

・UMLの図を修正して導入した図

・SysMLで新たに定義された図

SysMLとUMLの関係は図1.2の網掛けとして表されます。SysMLにはUMLで定義されている図の一部が取り込まれており、加えてSysMLで新たに追加された図によって構成されています。

図1.2: SysMLとUMLの関係

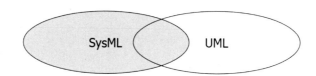

　SysMLの特徴として、図中に記述するモデル要素が厳密に定義されているので、異なる図で同じものを表しているモデル要素を調べて追跡できることがあげられます。また、ある図の要素を別の図の異なる要素として用いることもできます。

SysMLの図

　SysMLには表1.1に示す9つの図（ダイアグラム）が含まれています。

　SysMLの図にはこの9つの図にコンテキスト図（ブロック定義図の記述方法を利用して描かれる）を加えることがあります。コンテキスト図はSysMLの仕様としては定義されていませんが、システムの構造が理解しやすくなる図として、SysML図に含めて取り上げられることもあります。ただし、本書ではコンテキスト図はSysMLの仕様にないこともあり、取り扱っていません。

表1.1: SysMLの図

図	型名	表現する分野	UMLとの比較	用途
要求図	req	要件	新規	要求の検討
ユースケース図	uc	振る舞い	UMLから流用	ユースケース分析
ブロック定義図	bdd	構造	UMLから修正	物理構成の検討
内部ブロック図	ibd	構造	UMLから修正	物理構成の検討
アクティビティ図	act	振る舞い	UMLから修正	振る舞いの検討
シーケンス図	sd	振る舞い	UMLから流用	振る舞いの検討
ステートマシン図	stm	振る舞い	UMLから流用	振る舞いの検討
パラメトリック図	par	構造	新規	トレードオフ分析
パッケージ図	pkg	構造	UMLから流用	物理構成の検討

　SysMLに含まれる図には、図1.3の関係があります。図はシステムがどのように成り立っているのかという構造を表す図と、システムがどのように動作するのかという振る舞いを表す図に大別できます。これに加えて、システムに課された要求を表す要求図が定義されています。システムをモデリングする際に9つの図をすべて描く必要はありませんが、構造と振る舞いの両方の図を描いたほうがシステムの成り立ちを明確にすることができます。

図1.3: SysMLに含まれる各図の関係

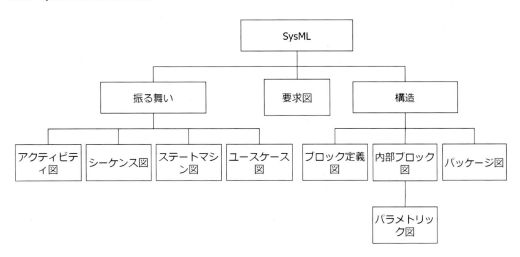

　SysMLの例として、内部ブロック図とシーケンス図を示します。UMLを知っている方は、UMLによく似た記述であることがわかると思います。

図1.4: SysML図の例-内部ブロック図

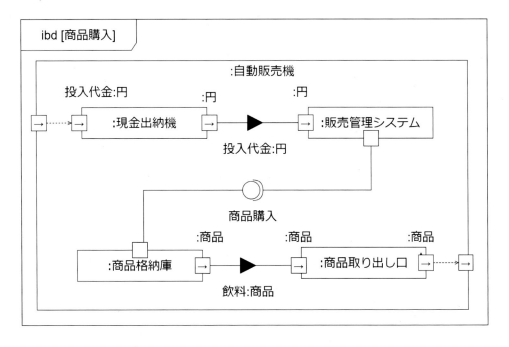

図 1.5: SysML図の例-シーケンス図

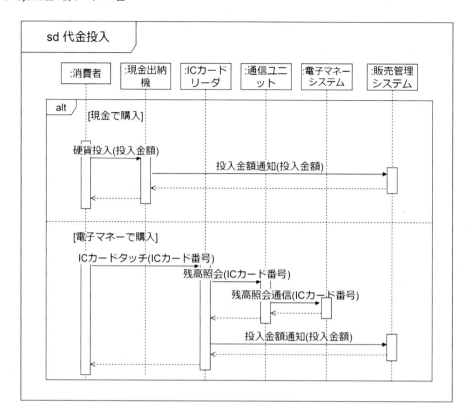

1.3 SysMLとシステム

システムとは何か

　ここまで「システム」という語を説明なく使ってきました。システムは日常的によく使われる言葉ですが、それではシステムとは、いったい何なのでしょうか。

　システムとは、「相互作用する要素群であり、目的を達成するように編成された組み合わせ」[2]と定義されています。これをわかりやすく書き直すと、次の3つになります。

・システムとは小さな要素の組み合わせで構成されている。
・システムとは多くの要素が結びついて構成されている。
・システムとは目的を達成するために要素が構成されている。

　たとえば、電子機器はそれを構成する電子部品やソフトウェアが要素となります。各要素は電子機器の役割を達成するために設計され、組み合わされています。これは、上記のシステムの定義を満たしているので、電子機器はシステムです。他にも自動車や情報システムなども同様に、システムの定義を満たしています。

---

2. 独立行政法人情報処理推進機構. SECBOOKS 成功事例に学ぶシステムズエンジニアリング. 独立行政法人情報処理推進機構, 2018

工業製品以外でも、定義を満たしていればシステムであるといえます。たとえば、会社組織は社員が要素であり、社員一人一人の働きが組み合わさって事業を行い、売り上げと利益を上げるという会社の目的を達成します。これは上記の定義を満たすため、会社はシステムです。

図1.6: システムの定義

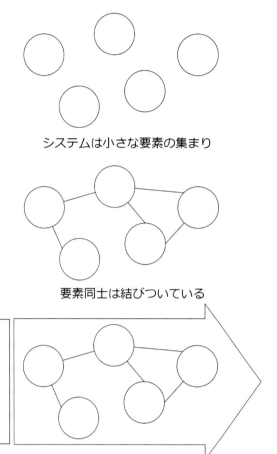

システムは小さな要素の集まり

要素同士は結びついている

全体で目的を達成する

SysMLによるシステムの記述

　SysMLはシステムを構造と振る舞いの両面から記述します。システムを構成要素に分解して構造を記述し、構成要素間の関係からシステムの振る舞いをモデリングしていきます。

　ここで行われているモデリングでは、システムを要素の集まりととらえて、要素の間の結びつきでシステムの目的を表しています。これは前述のシステムの定義に合致しています。このことからも、SysMLはシステム記述に適したモデリング言語といえます。

SysMLで記述できるシステム

　システムとはハードウェアやソフトウェアで動作する工業製品だけでなく、企業や学校などの組織やイベント運営の手順なども含まれます。有形、無形にかかわらず、人間活動の多くはシステムとして表現できます。

　SysMLでは、これらどのようなシステムであっても記述することができます。例として図1.7では、自動販売機システムをブロック定義図（システムの構成要素を記述する図）で記述しています。自動販売機は、ハードウェアとソフトウェアが連携して動作する工業製品です。SysMLはこれをハードウェア部品とソフトウェア部品が連携して動作するシステムととらえて記述することができます。

図1.7: 自動販売機システムのブロック定義図

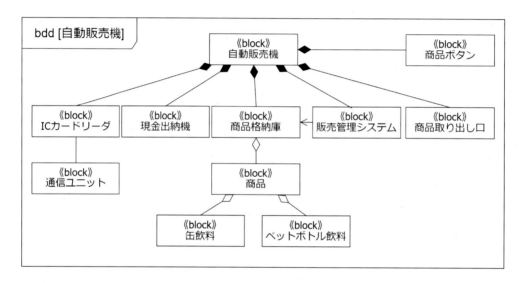

　もうひとつの例として、図1.8では昔の小学校で行っていた連絡帳による病欠連絡をシステムとしてとらえて、SysMLのアクティビティ図（システムの処理の流れを記述する図）で記述しています。ここでは、「保護者」や「担任」、「連絡帳」がシステムを構成する要素になります。各要素が連携して「連絡帳に記入しながら病欠の連絡が保護者から学校まで伝えられる」という目的を達成しています。この一連の流れはシステムの定義に当てはまっています。

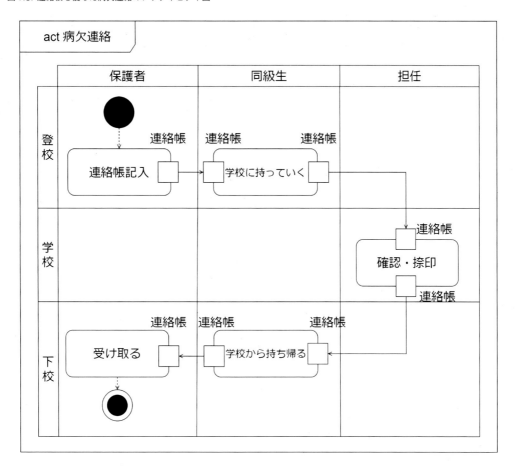

このように、この世界にある多くの物体や事象はシステムの定義を満たしており、SysMLなどのモデリング言語による記述が可能です。実際に、製品設計だけでなく企業内の業務手順なども、UML等のモデリング言語で記述されていることは珍しくありません。

1.4 モデリングツール

SysMLのモデリングツール

Word、Excelなどの描画ツールやdraw.io(https://www.diagrams.net/)のようなお絵かきソフトなどを使えば、SysMLの図を記述することができます。他にも様々な機能を持ったSysMLモデリングツールが存在しますので、ツールを使って記述する方法もあります。モデリングツールには図を描くための機能のほかにも、要素間のつながりを管理する機能など、SysMLモデリングに役立つ機能が多く含まれているので、使いこなすと便利です。ここでは、2022年9月の時点で入手できるSysMLモデリングツールをいくつか紹介します。

ただ、SysMLモデリングツールには便利な機能が搭載されている分だけ、使い方を覚えるまでに

かなりの労力を要します。また、モデリングツールの多くは、個人で使うには高価です。高いツールを購入しても、使いこなせるようになるまでは単なるお絵かきツールとしてしか使えないので、値段分の働きをさせるのは容易ではありません。SysMLを利用する以前の準備に手間をかけるようでは本末転倒ですので、最初は使い慣れた描画ツールで手軽に始めてみるのがいいと思います。

Software Ideas Modeler

https://www.softwareideas.net/

SysMLが使用できるPremiumエディションは99ドル（永久ライセンス）と、他のモデリングツールに比べると安価です。ただし、英語版しかリリースされていません。本書で紹介している他のツールは、日本語版が存在しています。

図 1.9: Software Ideas Modeler 公式サイト

astah SysML

https://astah.change-vision.com/ja/

UMLモデリングツールを開発しているastah社のSysMLモデリングツールです。UMLなど他のモデリングツールとは別個の製品となっています。売り切り製品ではなく、年間ライセンス13,200円です。astahが販売している他のツールはライセンス期間が過ぎても起動できるものがありますが、astah SysMLは期間が過ぎると起動できなくなります。

図 1.10: astah SysML 公式サイト

Enterprise Architect

https://www.sparxsystems.jp/products/EA/ea.htm

オーストラリアのSparxSystems社が開発したモデリングツールです。日本語にも対応しています。 SysMLが使用できるのはコーポレート版以上になり、価格は44,000円です。

図 1.11: Enterprise Architect 公式サイト

広範囲をサポートする実用的な設計ツール

効率的なモデリング

1.5　本書の構成

本書の構成

　本書はSysML記法の解説書です。UMLなど、他のモデリング言語を知らない人でもSysMLを理解できることを目的にしています。本書ではSysMLの9つの図と、図と図の関連を記述できるアロケーションについて解説しています。

SysMLの文法は非常に大きいため、本書では必要最低限のものに絞って紹介しています。より詳細な文法は無料でダウンロードできるSysMLの公式の仕様書（ただし英語版しかありません）など、他の書籍を参考にしてください。また、ユースケース図、アクティビティ図、シーケンス図、ステートマシン図はUMLとほぼ同じなので、UMLの技術書が参考になります。

本書のモデリングの題材

本書ではSysMLの図を解説するために、自動販売機を題材にしています。自動販売機を取り上げた理由は、誰でも知っているシステムであるため、記述しているSysML図の内容を理解しやすいからです。

本書でモデリングしている自動販売機は、次の仕様があるものとします。(図1.12)
・缶飲料、ペットボトルを購入できる
・現金以外にも電子マネーでの支払いができる。
・電子マネーの支払いでは無線通信で電子マネーサーバーと通信する。

図1.12: 本書のモデリング対象の自動販売機の概要

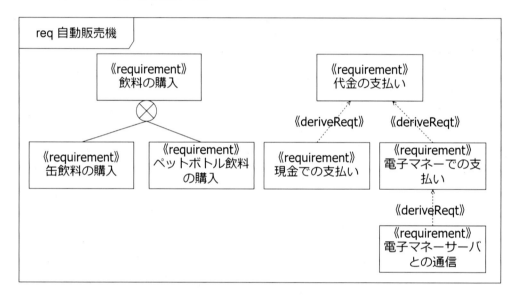

第2章 SysML共通の記述

2.1 SysML共通の記述

SysML共通の記述

SysMLには多くの図が含まれ、図ごとに表記方法が異なっています。ただし、一部の表記方法はすべての図で共通で用いられています。本章では、すべてのSysML図で共通の記述を説明します。

図の枠 (Diagram Frame)

SysMLでは図の全体を枠で囲み、枠に図の説明を記載します。図2.1が、枠の中に記述されたSysML図の例です。

図2.1: 枠のあるSysMLの図

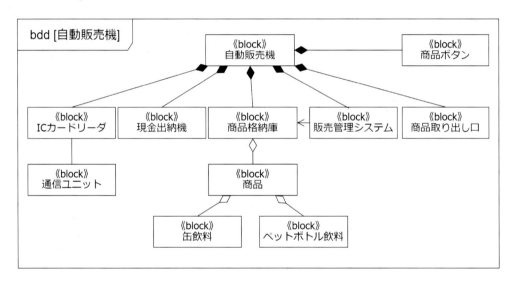

図の枠の左上のスペースに、図の型名と名前を記述します。型名には、枠内に描かれているSysML図の種類を略号で記載します。図の略号はアクティビティ図なら"act"、要求図なら"req"などです。表2.1にSysML図の型の略語を示します。

表2.1: 図の種類と型名の略号

図	型名
要求図 (Requirement Diagram)	req
ユースケース図 (Usecase Diagram)	uc
ブロック定義図 (Block Definition Diagram)	bdd
内部ブロック図 (Internal Block Diagram)	ibd
アクティビティ図 (Activity Diagram)	act
シーケンス図 (Sequence Diagram)	sd
ステートマシン図 (State Machine Diagram)	stm
パラメトリック図 (Parametric Diagram)	par
パッケージ図 (Package Diagram)	pkg

　図の名前は、何をモデリングした図であるかを表します。図にはどのような名前をつけても構わないので、作成者が図の説明として、もっとも適当と考える名前をつけることができます。

図2.2: 図の枠

　図2.1の例では図の型を「pkg（パッケージ図）」、図の名前を「自動販売機」としています。これからこの枠内の図は「自動販売機全体の構造を表しているパッケージ図」となります。なお、本書では図の一部だけ記述する場合を含め、多くの場所で枠を省略しています。

要素 (Element)

　SysMLでは、図形や矢印を組み合わせてシステムを記述します。この図形や矢印を要素と呼びます。図2.3のように、SysMLに含まれるあらゆる記号が要素です。

図2.3: 要素の例

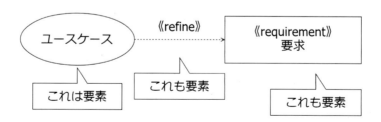

　要素はすべての記号を総称した呼び方です。本書の説明では要素という言葉を頻繁に使っていますが、それぞれ対応するSysML内の図形のことを指しているととらえてください。

ステレオタイプ (Stereotype)

　ステレオタイプは、モデルの要素に追加の意味を記述するための表記方法です。「《ステレオタイプ名》」のようにギュメ（《 》）で囲んで記述します。ステレオタイプを記述することで、要素に追加の情報を与えることができ、何をモデリングした図であるのかを明確にできます。

　たとえば、自動販売機システムに求められている「飲料の購入」というシステム要求を記述するためには、もっとも単純には、四角の中に要求を書けば表せます。しかし、これでは見る人によって「飲料の購入」が何であるのか異なった解釈がされるかもしれません。ある人はシステム要求と考えて、別の人は飲料購入のためのボタン（ハードウェア要素）と考えるかもしれません。

図2.4: ステレオタイプのない要素

```
┌──────────────────┐
│                  │
│     飲料の購入     │
│                  │
└──────────────────┘
```

　記述されているものがシステム要求であることを明確にするためには、図2.5のように要素に《requirement》というステレオタイプを付加します。ステレオタイプを記述することで、図内の要素が「要求」を表していることをすべての人が理解できるようになります。

図2.5: ステレオタイプのある要素

```
┌──────────────────┐
│  《requirement》   │
│     飲料の購入     │
└──────────────────┘
```

　SysMLでは自明であるなら、多くの場合でステレオタイプを省略できます。ただしモデリングツールを使用する場合は自動的にステレオタイプが付加されるため、省略することができないこともあります。

ノート (note)

　モデリングしていると、SysMLの文法で定められた記述内容より多くの情報を図に記述したいことがあります。なぜこのようにモデリングしたのか、どのような場面を想定したモデルなのかなどです。このような内容はノートを使って記述します。ノートは図中に注釈や説明などのコメントを記入する記法です。図2.6に示すように、右上が折れた四角の中に文字を記述して表します。ノート内には任意の文章や数式を記入できます。

図2.6: ノート

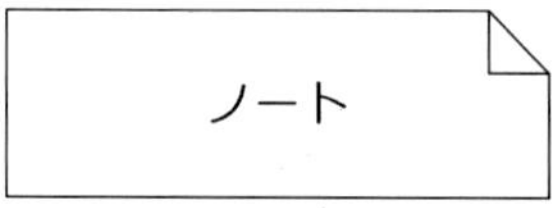

ノート

　ノートと要素間を破線で結ぶことで、どの要素に対する注釈であるかを示します。図2.7の例では、「飲料として購入できるものは缶飲料かペットボトルである」ことを表しています。ノートを適切に使用することで、読み手にモデラーの意図を正しく伝えることができます。

図2.7: ノートの例

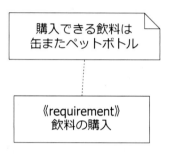

型（Type）

　SysMLは、現実にあるものをモデリングして記述します。モデルの対象が何であるかを表すために「型」と「名前」を用います。型はその要素が何に分類されるかを指し、名前はより具体的に要素が何を表しているかを示します。

　たとえば、自動販売機をモデリングする場合には、販売される商品も要素として表すことになります。ここで自動販売機が扱う商品は、コーヒーやお茶などの飲料だとします。この商品をモデリングする場合は、商品は「飲料」の型を持ち、「コーヒー」や「お茶」という名前を持っているものと表すことができます。図2.8がこの方法でモデリングした商品モデルの例です。SysMLでは「名前：型」と記述します。

図2.8: 飲料の型の例

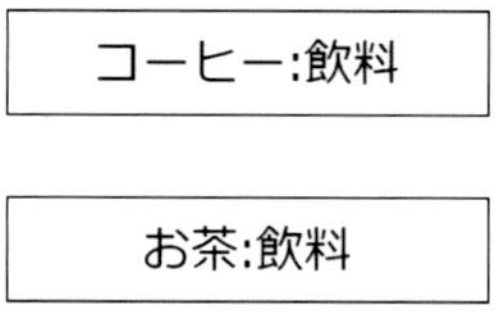

コーヒー:飲料

お茶:飲料

　モデリング方法はモデラーが自由に決めることができるので、図2.8の例以外のモデリングも可能です。「コーヒー」や「お茶」を型としてモデリングすることもできます。何を「型」とするかはモ

デラーの考え方によります。

なお、型はブロック定義図に含まれるブロックで定義します。

プリミティブ値型 (Primitive Value Types)

SysMLでは、システムの詳細は数値や文字で定量的に記述する必要があります。定格電圧が100Vなら「100」という数値を使いますし、製品名にはユニークな文字列がつけられます。この数値や文字列も「型」を指定することが求められています。SysMLでは数値や文字に用いることができる型として、プリミティブ値型が定義されています。表2.2がSysMLの標準仕様で定義されているプリミティブ値型です。数値や文字を使用する場合は、この中のいずれの型であるかを明示する必要があります。ただし、SysMLツールでは標準でこれ以外の型を使えるようになっていることがありますし、モデラーが自由に型を追加することもできます。読み手が混乱しない程度に、新たな型を定義しても問題ありません。

表2.2: SysMLのプリミティブ値型

型	説明
Boolean	true（真）,false（偽）のいずれかの値をとる2値の型
String	文字列
Integer	整数
Real	実数
Complex	複素数

多重度 (Multiplicities)

システム内には、同じ要素が複数含まれていることがあります。また、含まれている数が一定ではないことがあります。たとえば、自動販売機なら複数種類の「飲料」を販売しています。また、自動販売機の機種ごとに販売している飲料の種類が違います。

SysMLではこのように、複数存在する要素をモデリングするために多重度の記法が用意されています。表2.3がSysMLでの多重度の記述方法です。たとえば、販売できる飲料の種類が「1種類以上10種類以下」であることを表したければ「飲料[1..10]」と、多重度を使って記述します。

表2.3: 多重度

多重度	説明
1	常に1
0..4	0〜4のいずれか
0..*	0以上の任意の値
1..*	1以上の任意の値
*	任意の値

図2.9に、実際にブロック定義図で多重度が指定された場合の例を示します。ブロック定義図は

システムの構成要素をブロックと呼ばれる要素の単位で表した図です。ここで多重度は、ブロックがシステム内にいくつ存在しているかを表します。多重度が[1]なら、システム内にそのブロックがひとつだけ存在していることを表します。[0..*]なら「システム内に存在していないこともありえる。もし存在するならその数の上限はない」ことを表します。

図2.9: 多重度の例

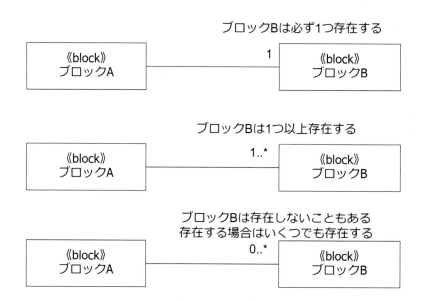

デフォルトの多重度 (Default multiplicities)

　SysMLでは、多重度が省略された場合は「1」として扱われます。つまり、「システム内にその要素はひとつだけ存在する」という意味です。

第3章　要求図(Requirement Diagram)

3.1　要求図

　システムはなんらかの目的があって存在しています。また、処理応答時間やセキュリティーなどシステムが満たさなければならない制約も存在します。これらを総称して要求と呼びます。

　システムに課された要求を記述するためのSysML図が要求図です。例として、図3.1に自動販売機の要求図を示します。この図では自動販売機への要求として、「飲料の購入」や「代金の支払い」が求められていることが記述されています。

図3.1: 自動販売機の要求図

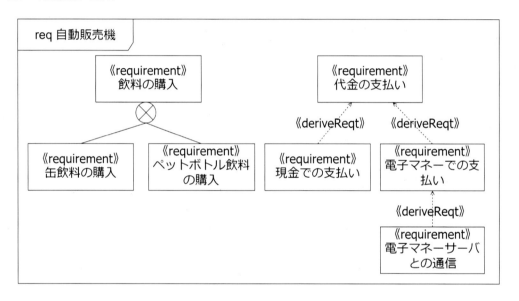

　要求はいくつかの種類に分類できます。よく使われる分類は、ユーザー要求と技術要求です。要求図にはどちらの要求も記述できます。

・ユーザー要求

　ユーザーがシステムに何を求めているかを表したものが、ユーザー要求です。システムが持つべき機能などが記述されます。図31の要求図では、自動販売機として「飲料の購入」や「代金の支払い」がユーザー要求として存在しています。

・技術要求

　ユーザー要求を満たすためにシステムが技術的に備えなければならないものが技術要求です。たとえばユーザー要求で「電子マネーでの支払い」が定義されたら、同時に「電子マネーサーバーとの通信」という要求が必要になります。ユーザーにとってみればサーバーとの通信機能は必要とし

ていませんが、電子マネーの支払いというユーザー要求を満たすために技術要求として必要なので、要求図に記述されます。

また、要求は機能要求と非機能要求という分け方もあります。

・機能要求

システムに求められている機能です。自動販売機なら「飲料を購入する」が代表的な機能要求になります。

・非機能要求

システムの使いやすさや処理時間、応答時間などの機能ではない要求です。自動販売機の商品購入ボタンを押してから飲料が出てくるまでに数分かかるようでは、システムとして成り立っていません。それでも飲料購入という機能は満たせているため、処理応答時間を機能要求とは別に非機能要求として定義しておき、システムが満たすべき要求に加えておきます。

3.2　要求図の要素

要求 (Requirement)

システムに求められている事柄は、要求要素として記述します。図3.2が要求の記述方法です。要求はステレオタイプ《requirement》が付与された四角として表され、ステレオタイプの下に要求名を記載します。

要求の下部は、idとtextを記述する区画です。idは要求の識別子です。システム内の要求を識別するために番号や記号を含む任意の番号や文字列を設定できます。textは要求の説明です。この要求は何を意味しているのかの詳細情報を文章で記述します。

図3.2: 要求

要求の例として、自動販売機の商品の購入の要求を図3.3に示します。textにこの要求は自動販売機で商品を購入することであると記載しています。idは任意の文字列を指定できるので、何を記述しても構いません。

図3.3: 商品の購入の要求

```
《requirement》
飲料の購入

id="A01_1"
text="飲料を購入する"
```

id,textの記述は任意ですので省略できます。両方を省略する場合は図3.4のように区画そのものを省略することができます。

図3.4: id,text を省略した要求

```
《requirement》
要求名
```

包含 (Requirement containment relationship)

　要求はさらに詳細な要求が含まれる形になっていることがあります。包含は要求間にこの関係があることを記述する要素です。

　図3.5が包含の例です。この図では子1,子2の要求は親の要求の一部として含まれています。包含関係にある要求は分割することはできません。これはシステムで親の要求が求められている場合は、かならず包含関係にあるすべての子の要求も実現されなければならないことを意味しています。通常は、包含される側（子の要求）のほうが詳細な要求になります。また、子の要求は複数の親の要求に包含することはできません。

図3.5: 包含

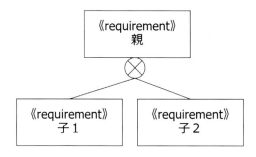

　包含の例として、飲料の購入の要求を図3.6に示します。ここでは「飲料の購入」の要求には、「缶飲料の購入」と「ペットボトル飲料の購入」の要求が包含されていることが示されています。つまり、「飲料を購入できる自動販売機は必ず缶とペットボトルの両方が購入できる構造にしなければな

らない」ことを表しています。この3つの要求は個別に扱うことはできず、常に同時に存在することになります。

図3.6: 包含で表した飲料の購入要求

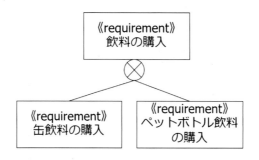

導出 (Derive Dependency)

　導出はある要求が別の要求を具体的に表した要求であることを表します。図3.7では「A依存先」要求を具現化したものが「B依存元」要求です。つまり、「A依存先に書かれたことは、具体的にはB依存元に書かれている」ことを表しています。

　導出は依存元から依存先にのびる点線矢印とステレオタイプ《deriveReqt》で記述します。矢印の向きが逆に感じられますが、これは「Aの変更がBに影響を与える（Aが変わればそれを具体的に表したBも変わる）が、Bを変更してもAには影響を与えない（Aを具体的に表す手段はいくつもあるので、Bがそのうちどれを選んでいても、Aに書かれていることは変化しない）」という関係を表すためです。

図3.7: 導出

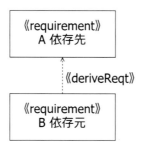

　導出の例として、自動販売機の代金の支払いの要求図を図3.8に示します。ここでは「代金の支払い」は具体的に何が要求されているのかというと「現金での支払い」または「電子マネーでの支払い」であることを表しています。代金を支払うために実際にはどのようなことが要求されているのかを記述するために、導出の記法を使用しています。

図3.8: 導出で表した代金の支払いの要求

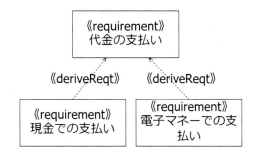

　また、一般的な情報システム開発はビジネス要求（どうやって売り上げを上げるか）が決定した後に、ビジネス要求を実現できる情報システム要求が分析され開発が開始します。システム要求はビジネス要求から導出されますし、ビジネス要求がなければシステム要求は決まりません。また、ビジネス要求を実際にソフトウェア開発が始められるレベルまで具体的に表したものがシステム要求です。導出は要求間にこのような関係があることを表すためにも用いられます。

図3.9: ビジネス要求の導出

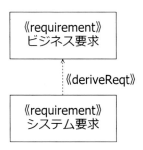

根拠 (Rational)

　システムの要求は、なんらかの理由があって存在しています。理由を残しておかないと、開発の後半でその要求がなぜ必要だったのかわからなくなることが頻繁に起こります。SysMLでは要求が必要とされる理由を記述するために、根拠の記法が準備されています。根拠はステレオタイプ《rational》をつけたしたノートを使って記述します。

　図3.10の例では、電子マネーの支払いが求められることになった理由を根拠で記述しています。根拠を記述すれば、要求を間違って実装することを防げます。この例では、電子マネーはユーザーの利便性を高めるために必要とされています。そのため、事前にユーザー登録が必要な決済手段はユーザーの利便性を高めているとはいえないので、要求を満たしていないと判断できるようになります。

図 3.10: 根拠

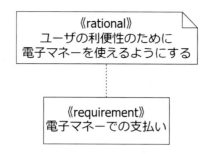

詳細化 (Refine Dependency)

　詳細化は要求図にユースケースを記述して、要求の実現手段を記述するための記法です（ユースケースについては第4章「ユースケース図(Use Case Diagram)」を参照してください）。

　要求はシステムに求められている事柄ですが、システムが具体的に何をすればいいかまでは表記していません。要求を実現するために必要な機能は、ユースケースを使って記述します。要求の実現方法を詳細に記述したものがユースケースなので、要求とユースケースの関係は詳細化と呼ばれます。詳細化は破線矢印とステレオタイプ《refine》で表します。破線矢印の先は要求に接続して、ユースケースが要求から導かれたことを表します（SysMLでは、矢印の先が変更すると、矢印の根元も変更しなければならない関係であることを示します）。

図 3.11: 詳細化

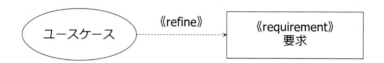

　図3.12は、自動販売機システムにおける「飲料の購入」要求の詳細化です。飲料を購入するためには、「買う飲料を選び」、「飲料を買う（購入ボタンを押す）」のふたつの機能が必要です。これから飲料の購入には「飲料を買う」、「飲料を選ぶ」のふたつのシナリオ（ユースケース）が導出されて、要求とユースケース間を詳細化(《refine》)で接続した要求図が作られます。

図3.12: 詳細化の例

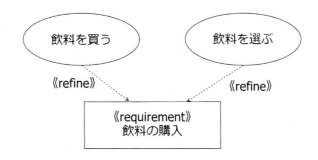

充足 (Satisfy Dependency)

　充足は要求図にブロックを記述して、要求が何によって実現されるのかを記述するための記法です（ブロックについては第5章「ブロック定義図(Block Definition Diagram)」を参照してください）。

　要求は、システムに求められている事柄です。要求を実現するのは、ハードウェア要素またはソフトウェア要素になります。SysMLではハードウェア要素、ソフトウェア要素は、ブロックと呼ばれる要素で記述します。要求とそれを実現するブロック間を充足の関係で接続することで、要求を実現するためにはどの要素が必要であるかを表記します。また、充足の関係を記述すれば、要求変更による影響範囲を明確にできます。

　図3.13が充足の記法です。充足は破線矢印とステレオタイプ《satisfy》で表します。詳細化と同様に、矢印はブロックから要求に向かって伸ばします。ブロックと要求を充足で結ぶことで、そのブロックが要求を実現するために必要であることを表します。

図3.13: 充足

　自動販売機における充足の例を図3.14に示します。自動販売機には代金支払の要求として「電子マネーでの支払い」があります。電子マネーで支払うためには「ICカードリーダ」のハードウェアが必要です。これを表すために「電子マネーでの支払い」と「ICカードリーダ」を充足で接続した要求図を作成します。

　この要求図から、ICカードリーダは電子マネーの支払いのために必要であることや、電子マネー支払いの要求が変化した（たとえば、対応する電子マネーの種類が増えた）場合はICカードリーダも変更しなければならないことがわかります。

図3.14: 充足の例

　充足の関係を記述すれば、ハードウェア要素、ソフトウェア要素が要求の実現に必要であるかを容易に判別できます。たとえば、別の自動販売機をモデリングする際に、もしその機種に電子マネー支払いが要求されていないなら「電子マネーでの支払い」の要求がないので、その実現手段である「ICカードリーダ」も不要であることがわかります。

第4章　ユースケース図(Use Case Diagram)

4.1　ユースケース図

　システムがユーザーに提供する振る舞いをユースケースと呼びます。ユースケース図では、システムが提供する機能をユースケースで記述します。ユースケース図では、システムが果たさなければならない役割や、システムが持たなければならない機能をユースケースで記述します。

　例として、図4.1に自動販売機のユースケース図を示します。内部に文字が書かれた丸型の要素がユースケースです。「飲料を選ぶ」「飲料を買う」のふたつのユースケースから、この自動販売機は消費者に飲料を選んで購入する機能を提供しなければならないことがわかります。また、「代金を現金で支払う」と「代金を電子マネーで支払う」のユースケースから、現金と電子マネーを使った支払い手段を両方とも持つことがわかります。加えて、自動販売機の外部に「電子マネーシステム」が存在しており、電子マネーを使用するために必要な要素であることも表しています。

図4.1: 自動販売機のユースケース図

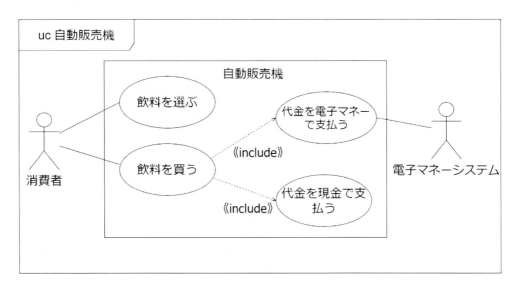

　図4.1は自動販売機全体の振る舞いをユースケース図にしたものですが、ユースケース図はシステムの一部の機能だけを取り出して記述することもできます。このユースケース図では、図に記述しなかった他のシステム機能がユースケース図の外部になります。

　ユースケースを作成する主な目的は以下になります。

・システムに求められていることを明確にする。

　ユースケースはシステムが外部に提供する機能です。外部から見たときのシステムの振る舞いを

分析してユースケースで記述することで、システムが何をしなければならないかを明確にできます。

・システムとシステム外の境界を明らかにする。

システム設計では、設計範囲を定義することが重要になります。システムの範囲があいまいだと、システムの一部が設計から抜け落ちることが起こりえますし、複数の担当者で同じ範囲を重複して設計する問題も起こりえます。ユースケース図には、設計対象システムの範囲を表す要素として、システム境界が定義されています。システム境界を記述すれば、設計するシステムに含まれる範囲と含まれない範囲を明確にできます。

システム境界は、四角の枠でユースケースを囲むことで記述します。図4.1の例では自動販売機システムの内部にすべてのユースケースが位置しており、外部に「消費者」（自動販売機を使用して商品を購入する）と「電子マネーシステム」（電子マネーの決済を行う）が存在していることがわかります。このふたつは自動販売機システムを設計する上で無視できない存在ですが、自動販売機のシステム外に位置しているので、システムそのものには含まれません。図4.1のユースケース図に従えば、自動販売機の範囲を間違えることなく設計が行えます。

4.2 ユースケース図の要素

ユースケース (Use Case)

ユースケースには、外部からの依頼でシステムが行わなければならない振る舞いを記述する要素です。ユースケースは丸の中に振る舞いを表す文字を記載して表記します。図4.2は自動販売機が持たなければならない機能として、「飲料を買う」をユースケースとして記述したものです。

図4.2: ユースケース

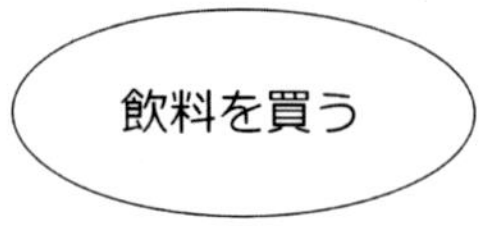

ユースケースとして抽出する機能の単位は、特に決められていません。「飲料を買う」のように大きな粒度で抽出することもできますし、「在庫を減らす」「飲料を搬出する」のように、細分化した小さな粒度で記述することもできます。ただし、ひとつのユースケース図に記述するユースケースの粒度はそろえるべきです。粒度の異なるユースケースが含まれたユースケース図は概要機能と詳細機能を並べているのと同じですので、理解が困難な図になります。

アクター (Actor)

システムは外部と相互にやり取りを行います。アクターはこのシステム外部の存在を表現する要素です。アクターは人形の形をしたアイコン（スティックマンと呼ばれます）の下にアクター名を書いて記述します。図4.3がアクターの記述例です。よく採用されるアクターの例としては、システムの利用者があります。自動販売機の場合は、飲料を買う「消費者」がアクターとして考えられます。

また、アクターは必ずしも人である必要はありません。外部のシステムとやり取りするなら、外部システムがアクターになります。たとえば、電子マネーを使用するシステムなら、外部システムとして電子マネーシステムのサーバーが存在します。外部システムである「電子マネーシステム」もアクターで記述することができます。

図4.3: アクター

消費者　　　　　　　電子マネーシステム

システム境界 (Subject)

　システム境界は、システム内部と外部の境界線です。システムの内部（ユースケース）と外部（アクター）を明確に区別したい場合に使用します。システム境界は必須の記法ではありませんので、省略することができます。

　図4.4のように、アクターを取り囲むように四角形を記述して、システム境界を表します。アクターはシステム境界の外に配置します。

図4.4: システム境界

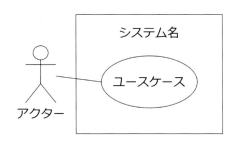

　図4.5は、自動販売機システムのユースケース図です。ここでは「自動販売機」という名称がつけられたシステム境界を記述して、システム内と外を明確に区別しています。自動販売機を操作する消費者はもちろん、電子マネーの決済を行う電子マネーシステムも自動販売機の外にあるシステムであり、自動販売機システムには含まれないことをはっきりと表しています。

図4.5: 自動販売機システムのシステム境界

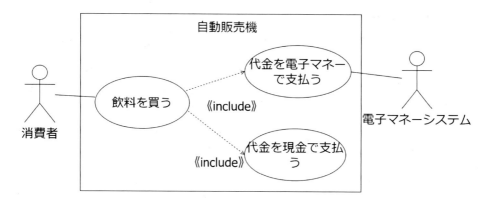

関連 (Communication path)

　ユースケースはシステムが外部に公開している機能なので、外部に存在するアクターと内部のユースケースの間に「機能を利用する」などの対応が存在します。この対応を関連と呼びます。関連はアクターとユースケースを実線で結ぶことで表記します。

　関連はアクターがユースケースを使用していることを表すこともあれば、ユースケースからアクターに処理を依頼していることを表すこともあります。図4.6の例では、「消費者」は「飲料を買う」というシステムの機能を利用しています。一方でユースケース「代金を電子マネーで支払う」は、アクター「電子マネーシステム」に処理を依頼していることを表しています。

図4.6: 関連

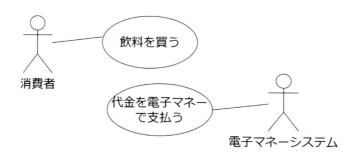

包含 (Include)

　包含は、ユースケースが別のユースケースに含まれていることを表す記法です。ユースケースを分析していると、複数のユースケースで同じ処理を行う場面や、条件によって処理が変わる場面が出てくることがあります。このようなときに包含の記法を使って、複数のユースケースに分割して記述することで処理の流れをわかりやすくできます。

　包含は点線の矢印とステレオタイプ《include》で記述します。矢印はもとになるユースケースか

ら追加するユースケースに向かって伸ばします。

図4.7: 包含

図4.8では、「飲料を買う」には「代金を現金で支払う」「代金を電子マネーで支払う」のふたつの
ユースケースが含まれていることを表しています。この例では、代金の支払い方法が2通りあるこ
とから、支払いではどちらかのユースケースだけが使われることも表しています。

包含の記法を使わず、「飲料を買うのユースケースには代金を支払う処理も含まれている」とする
こともできますが、ひとつのユースケース内に機能を重複させすぎると、必要なユースケースの抜
け漏れが発生する恐れがあります。

図4.8: 包含の例

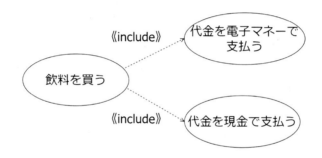

4.3　ユースケース図と要求図の関係

ユースケース図と要求図には詳細化の関係がある

ユースケースは、システムに求められている振る舞いです。つまりユースケースとは、要求図で記
述された要求を実現するための手段であるととらえることができます。第3章「要求図 (Requirement
Diagram)」の「詳細化」項目で述べた通り、要求とその実現方法は詳細化の関係で接続することが
できます。

SysMLでは要求とユースケースの関係を記述するために、要求図にユースケースを記載すること
ができます。図4.9がユースケースを記載した要求図の例です。ユースケースと要求は詳細化（ステ
レオタイプ《refine》）の関係で接続します。

要求と関係のないユースケースの存在は認められていません。また、要求を実現するためにはユー
スケースが必要です。そのため、要求とユースケースをひとつの図に記述することで、ユースケー
スの過不足を確認することができます。

図4.9: ユースケースを記載した要求図

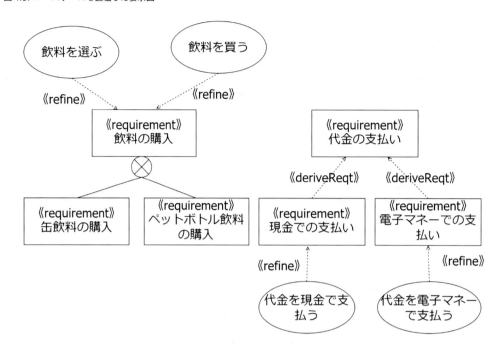

第5章　ブロック定義図(Block Definition Diagram)

5.1　ブロック定義図

　システムは、小さな要素が集まってより大きな要素を構成しています。システムを構成する個々の要素、およびそれらの要素がどのように結びついてシステムを構成しているのかを表すための図がブロック定義図です。

　ブロック定義図では、ブロックと呼ばれる要素を組み合わせてシステムの静的な構造を記述します。ブロックにはシステムを構成するハードウェア（筐体や機構などの部品）やソフトウェア（ライブラリーやモジュール、あるいはソフトウェアの様々な振る舞い）の他にも、システムが起動するために必要な制約事項などソフトウェア・ハードウェアの区別なくシステムに含まれるものすべてを定義できます。システムに供給される電力や通信信号もブロックで表すことができます。

　図5.1が自動販売機のブロック図です。この図から自動販売機は商品格納庫やICカードリードなどの集合体として構成されていることが読み取れます。また、商品として販売する飲料もブロックで定義しています。

　また、ブロックが別のブロックの機能を使用できることを表す記法も定義されています。自動販売機の例では、「ICカードリーダ」ブロックが「通信ユニット」ブロックの機能を使用できる、つまり通信ユニットを使って通信を行える関係があることをモデリングしています。

図5.1: 自動販売機のブロック図

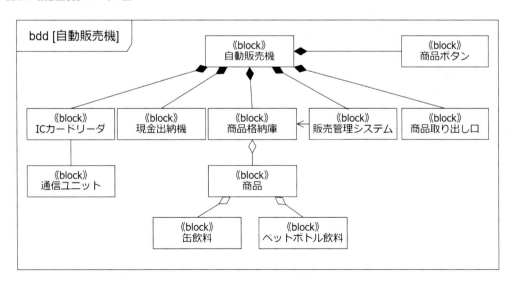

　ブロックとして定義された要素は「型」として扱えます。他のSysML図でなんらかの新しい型を

使いたい場合は、あらかじめブロック定義図にブロックを定義しておかなければなりません。逆にいうと、ブロックとして定義されたシステム要素は、それ以降は型として扱うことができるようになります。

5.2　ブロック定義図の要素

ブロック (Block)

　システムの構成要素であるソフトウェア，ハードウェアなどはブロックとして記述します。ブロックの省略した表記方法は、図5.2のようにステレオタイプ《block》が付与された四角の中にブロックの名前（型名）を書く方法です。ブロック間の関係を記述する場合などは、この方法でブロックを記述します。

図5.2: ブロック

《block》
ブロック名

　ただし、省略した記法ではブロックの情報が名前しかないので、ブロックが何を表しているのかがよくわかりません。何をもとにモデル化したブロックであるのかを表すために、ブロック名の下にいくつか区画（compartment）を追加して、そこにブロックのプロパティ（特性）を記述します。プロパティとはブロックがどのような機能を持っており、どのような処理を行うのかなど、ブロックの詳細情報です。

　図5.3が区画のあるブロック記述の例です。区画ごとに区画名をイタリック体で中央上部に記述して、その下に区画に含まれるプロパティを記述します。区画内のプロパティが複数ある場合は縦に並べて記述します。

図5.3: 区画のあるブロック

　図5.4は、区画のあるブロックの例として、自動販売機内の商品格納庫をブロックで記述したものです。ひとつのブロック内に区画はいくつでも記述できます。また、ブロックはすべてのプロパ

ティを持たなければならないわけではなく、区画に対応するプロパティがないなら、その区画は省略できます。

区画を記述する順序は決められていないので、ユーザーやSysMLツールが自由に配置できます。また、区画はSysMLの仕様として定義されているものの他に、SysMLツールが独自に追加していることもあります。

区画ごとにどのようなプロパティを記述するか決められており、プロパティの記述書式も異なります。本章では、この商品格納庫ブロックを例として各区画を説明していきます。

図5.4: 区画のあるブロックの例

ブロックとブロックの間にどのような関係があるかは、ブロック間を線で結んで表現します。図5.5は、参照関連と呼ばれる関係を表しています。この図ではブロック間を矢印で結ぶことで「販売管理システムブロックは、商品購入を実行するために、商品格納庫ブロックが持つ機能を使用している」ことを表しています。

図5.5: 参照関連の例

SysMLのブロック定義図の仕様では線を使った記法が多く定義されていますが、本書では以下の

関連に絞って説明しています。

表5.1: ブロック定義図の線を使った記法

名称	説明
参照関連 (Reference Association)	ブロックが別のブロックの機能を利用している
共有関連 (Shared Association)	ブロックが別のブロックの一部である（分離できる）
合成関連 (Part Association)	ブロックが別のブロックの一部である（分離できない）
汎化 (Generalization)	ブロックは別のブロックと同じ種類である

区画：制約 (Constraints)

　制約は、ブロックが存在するならば常に満たされていなければならない条件です。制約は"⊦⊦"で囲んで数式として記述します。ひとつのブロック内に制約はいくつでも記述できます。

図5.6: 制約区画

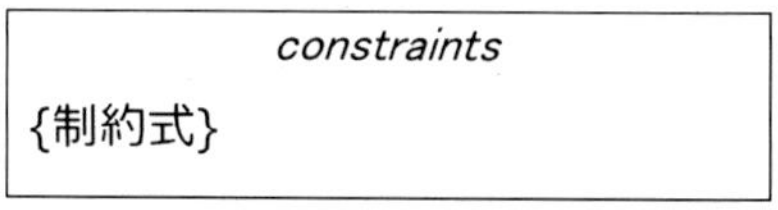

図5.7が商品格納庫の制約区画の例です。ここでは「入力電圧は24V以上でなければならない」ことを制約式で記述しています。ブロックが存在する限り、つまり商品格納庫というシステムが要素が動作している間は、常にこの制約が満たされなければなりません。

図5.7: 制約区画の例

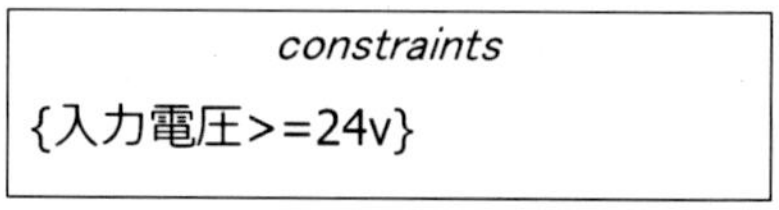

区画：値 (values)

　値とは、ブロックが量として保持しているプロパティです。値は図5.8の書式で記述します。

図5.8: 値区画

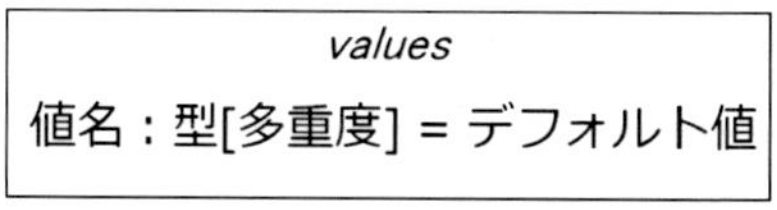

図5.9は、商品格納庫が値として商品在庫数を持っている場合の値区画の例です。商品在庫数は数値なので型はInteger（整数）です。初期値を0にすることで、最初は商品格納庫に商品が何も入っ

ていないことを表せます。多重度が[1..10]なので、「商品在庫数」に分類される値の種類が1〜10種類の範囲で存在することを表します。つまり、この自動販売機には最低でも1種類、最大でも10種類の商品が格納されていることになります。商品ごとの在庫数が1個から10個の範囲をとる、という意味ではありません。

図5.9: 値区画の例

```
                    values
     商品在庫数:Integer[1..10] = 0
```

　値区画には、あくまで量でしか表せない性質を記述します。数値以外の型をもつプロパティは、値区画に記述できません。たとえば、自動販売機の商品格納庫は内部に商品である飲料が入っていますが、飲料は数値ではありません。本書では、飲料は「商品」という型を持つブロックとしてモデリングしています。商品格納庫は内部に商品ブロックが含まれる構造になっています。このようにブロックが内部に別のブロックを持つ構造になっている場合は、内部のブロックは「値」区画ではなく「パート」区画に記述します。

区画：操作 (Operations)

　システムはブロックの組み合わせで表現します。ブロック間のつながりとしては、ブロックが持つ機能を別のブロックが使う関係が考えられます。ブロック図では、この関係を表すために操作プロパティが定義されています。操作はブロックが他のブロックに提供する同期的な振る舞いです。同期的な振る舞いとは、「処理を開始してから終了するまで他の処理が行えない」という意味です。
　操作は図5.10の書式で記述します。パラメータは存在しないなら省略でき、必要なら複数記述することができます。戻り値も存在しないなら省略できます。

図5.10: 操作区画

```
                        operations
     操作名(パラメータ：型, パラメータ:型...) : 戻り値型[多重度]
```

　パラメータと戻り値を説明するために、図5.11に示した商品格納庫が提供する商品購入操作を例にとります。この操作を実行するとは、別のブロック（例えば商品ボタン）が商品を購入することを何らかの手段で商品格納庫に伝え、商品格納庫が商品を搬出する処理を実行して、商品を渡すまでの一連の流れを行うことを意味しています。操作は同期処理なので、商品購入を実行したブロックは購入した商品を受け取るまで別の処理を行うことができません。この例では、商品ボタンを押してから商品が取り出し口に搬出されるまでの間は、商品ボタンが別の処理（新たな商品の購入など）を行うことができないことを意味しています。
　パラメータは、操作の詳細を指定するために渡される追加の情報です。商品購入の例ではどの商

品を購入するかを伝えなければならないので、商品番号がパラメータになります。型をInteger（整数）とすることで、商品番号は数値で管理されている値であることを表現しています。

　戻り値は商品です。これは、商品購入を実行すると、商品番号で指定された商品が搬出されることを表します。一度の商品購入で1個の商品しか購入できないので、戻り値の多重度は[1]になりますが、多重度が[1]のときは省略できるので記述していません。

図5.11: 操作区画の例

```
                    operations
    商品購入(商品番号:Integer);商品
```

区画：受信 (Receptions)

　操作が同期的な振る舞いを表すプロパティであるのに対して、受信は非同期的な振る舞いを表すプロパティです。非同期的な振る舞いとは、「処理を要求した後、その処理が終了することを待たずに別の処理が行える」という意味です。

　操作は図5.12の書式で記述します。操作と同様にパラメータは存在しないなら省略できます。ただし、操作と違って戻り値は存在しません。操作と受信の記述方法はよく似ているので、先頭に《signal》ステレオタイプをつけて操作ではないことを明示的に表して区別します。

図5.12: 受信区画

```
                         receptions
    《signal》受信名(パラメータ：型, パラメータ:型...)
```

　図5.13が受信区画の例です。商品格納庫に販売禁止の指示を出すことができます。商品格納庫は、別のブロックからの要求で商品の販売ができないようにする機能を持っていることがモデリングされています。受信は非同期処理なので、この操作を行うブロックは販売を禁止する処理が完了する前に別の処理を行うことができます。

図5.13: 受信区画の例

```
                 receptions
    《signal》販売禁止()
```

区画：パート (Part)

　ブロックは自分の一部として内部に別のブロックを持つことができます。例えば、商品格納庫は

内部に商品を格納しているので、商品格納庫ブロック内に商品ブロックが存在していることになります。パートはブロック内部にブロックが存在していることを記述するための区画です。パートは図5.14の書式で記述します。

図5.14: パート区画

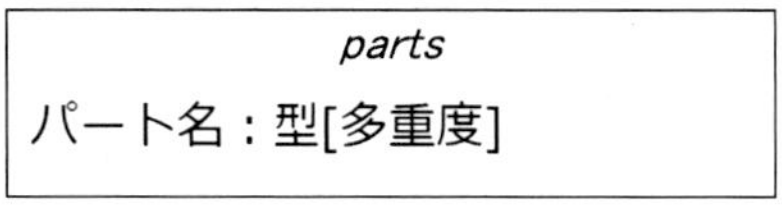

図5.15は商品格納庫の内部に飲料が格納されていることを表現するパートの例です。商品格納庫ブロック内には商品型のブロックである飲料が存在しており、多重度が[1..10]であることから飲料は最低でも1種類、最大で10種類格納することができます。

図5.15: パート区画の例

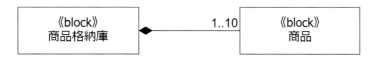

パートは合成関連の記法を使って表すこともできます。合成関連はブロック間の関係をブロックと線で記述する記法です。図5.15と同じ関係を共有関連で表すと図5.16になります。図5.15と図5.16はまったく同じことを表現しています。

図5.16: 合成関連で表したパート

区画：参照 (Reference)

操作区画と受信区画に記述された処理は、自分以外の別のブロックからの要求を受けて実行されます。これを操作と受信を要求する側のブロックから見ると、自ブロックが使用している操作や受信は他のブロックが持っているととらえることができます。参照はこのように自分が使用している操作や受信をプロパティとして持つブロックはどれなのかを記述するための区画です。

参照は図5.17の書式で表します。型は参照しているブロックの型名です。参照名は参照している他のブロックに自ブロックだけで使える新たな名前を付けたい場合に用います。適切な参照名をつけたほうがブロック間の構造を理解しやすくなる場合に参照名をつけます。特に区別しなくてもいいなら参照名は省略できます。同じ型を持つブロックが複数存在しているなら多重度を記述します。参照ブロックがひとつだけしかないなら多重度は省略できます。

図5.17: 参照区画

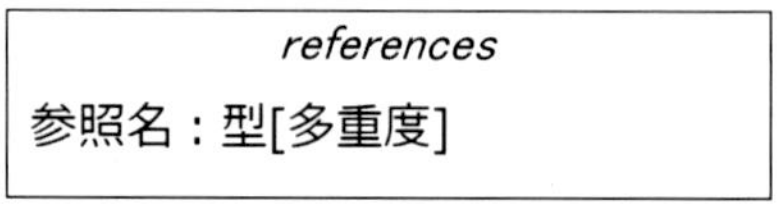

```
                    references
    参照名：型[多重度]
```

　図5.18が参照区画の記述例です。この参照区画を持つブロックは販売管理システムの操作と受信を使用していることが記述されています。販売管理システムはひとつしか存在していないので多重度 [1] を省略しています。また、参照名をつけなくても参照先のブロックが一義に決まるので参照名も省略しています。

図5.18: 参照区画の例

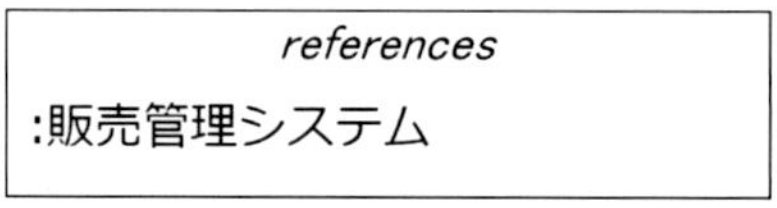

```
                    references
    :販売管理システム
```

　参照は参照関連の関係で記述することができます。図5.18と同じ関係を参照関連で表すと図5.19になります。図5.18と図5.19はまったく同じ関係を表しています。

図5.19: 参照関連で記述した参照

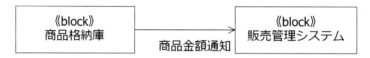

　参照はパートの書式に似ていますが、パートは「自分の内部に存在するブロックなのでその要素を使える」ブロックを表すのに対して、参照は「自分の外にあるブロックだがその要素を使っている」ブロックを表しているという違いがあります。

区画：プロパティ (Properties)

　ブロックのプロパティはそれぞれ記述する区画が決まっています。しかし、保持するプロパティが少ないブロックなどの場合は区画に分けて書くとかえってブロックの構造がわかりづらくなることがあります。そこで、あらゆるプロパティを記述できる区画としてプロパティ区画が用意されています。

　プロパティ区画にはブロックが持つあらゆるプロパティをまとめて記述できます。図5.20の例では、「パート」、「操作」、「受信」区画まとめてプロパティ区画に記述しています。ひとまとめにして記述したほうが理解しやすいならプロパティ区画を使用します。

図 5.20: プロパティ区画

```
                properties
飲料:商品[1..10]
商品購入(商品番号:Integer):商品
《signal》販売禁止()
```

参照関連 (Reference Association)

　参照関連はブロックが別のブロックの機能を利用していることを表す記法です。操作区画や受信区画の処理を別のブロックが使用している、別のブロックから送信された通信データを受信している、といった関係が参照関連になります。

　図5.21が参照関連の記述例です。矢印は呼び出しの向きを表しており、この例では「ブロックAがブロックBを使用している」という意味になります。関連名を使って関連に名前を付けることができますが、関連名は省略可能です。プロパティは使用している操作や受信の名前を記述します。多重度は関連があるブロックの数を記述します。多重度を省略した場合は1であるとみなされます。

図 5.21: 一方向の参照関連

　ふたつのブロックが互いの操作を使用しあっている関係があるなら、矢印は使用せず実線でブロックを接続します。図5.22が双方向の参照関連の記述方法です。

図 5.22: 双方向の参照関連

　参照関連の例を図5.23に示します。この図では「販売管理システムからの要求により、商品格納庫の商品購入の操作が行われて商品が搬出される」という処理が行われることをモデリングしています。自動販売機システム内には販売管理システム、商品格納庫はそれぞれひとつしかないので、多重度は省略されています。また、関連名も自明なので省略しています。

図5.23: 参照関連の例

共有関連 (Shared Association)

　共有関連は、あるブロックが別のブロックの一部であることを表す記法です。ただし、共有関連で結ばれたブロックは分離することができ、どちらか一方のブロックだけでも存在できます。

　共有関連では「ブロックBはブロックAに含まれている」とことを表します。関連名を使って関連に名前を付けることができますが、関連名は省略可能です。多重度は関連があるブロックの数を記述します。SysMLの他の要素では多重度を省略した場合は1であるとみなされますが、共有関連では全体側（ブロックA）は0..1、部分側（ブロックB）は1であるとみなされます。つまり、多重度を省略すると「ブロックAはブロックBをひとつ含んでいる。ブロックAは存在することもあれば存在しないこともある。」となります。

図5.24: 共有関連の例

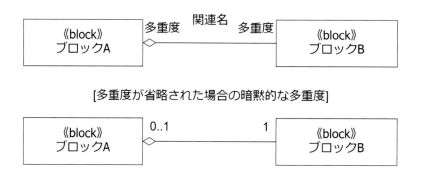

　図5.25の例では「商品格納庫」の中に「商品」が最大で10種類含まれていることを表しています。共有関連であるということから、商品格納庫と商品は同時に存在していない、つまり商品格納庫の中に商品がないことが許されています。実際に工場出荷時などは商品がない状態がありうるので、共有関連でブロック間を結合しています。

図5.25: 共有関連の例

合成関連 (Part Association)

　合成関連はあるブロックが別のブロックの一部であることを表す記法です。共有関連との違いは、合成関連で結ばれたブロック同士は分割することができず、常に同時に存在していなければならないという点です。

　合成関連では「ブロックBはブロックAに含まれている」とことを表します。関連名を使って関連に名前を付けることができますが、関連名は省略可能です。多重度は関連があるブロックの数を記述します。SysMLの他の要素では多重度を省略した場合は1であるとみなされますが、合成関連では全体側（ブロックA）は0..1、部分側（ブロックB）は1であるとみなされます。つまり、多重度を省略すると「ブロックAはブロックBをひとつ含んでいる。ブロックAは存在することもあれば存在しないこともある」となります。

図 5.26: 合成関連

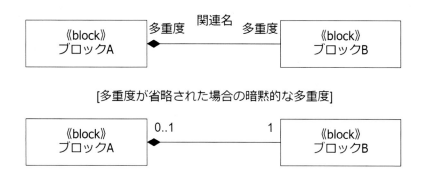

図 5.27 の例では、「ICカードリーダ」の内部に「通信ユニット」が含まれていることを表しています。このふたつのブロックは分割することはできません。ICカードリーダと通信ユニットは、どちらか片方だけを利用することはできず、常にふたつのブロックが存在していることが求められています。

図 5.27: 合成関連の例

汎化 (Generalization)

　「あるブロックは別のブロックの一種である」という関係を表すものが汎化です。

　図 5.28 が汎化の例です。ここで自動販売機が取り扱っている「商品」には「缶飲料」「ペットボトル飲料」の2種類があることを表しています。また逆に、「缶飲料」「ペットボトル飲料」はともに

「商品」であることも表しています。

　汎化を使うと、異なるブロックをまとめて扱うことができます。この例では「商品」を販売するようにブロックを記述すれば、それが「缶飲料」と「ペットボトル飲料」のどちらでも販売できるシステムとして解釈できるようになります。

図5.28: 汎化

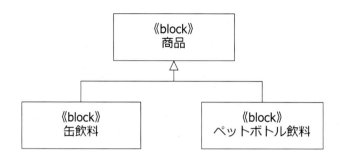

値型 (Value Type)

　値型は特別なブロックであり、値区画だけを持っています。値型はステレオタイプ《valueType》を付与して他のブロックと区別します。

　値型はブロックの操作のパラメータなどに、何らかの意味がある数値を使いたいときに用いられます。たとえば、自動販売機システムでは、ユーザーからお金を受け取って代わりに商品を受け渡します。このとき、通貨の「円」がユーザーから自動販売機に渡されて移動しているものとしてモデリングします。このことを記述するためには、システム内を流れる要素として通貨単位の「円」が必要になります。「円」は通貨ですので、自身は何も処理を行いません。また、他のブロックを内部に持つこともありません。ただ、金額を表す数値だけを持っています。このようなブロックは値型として記述します。

　図5.29が通貨の円を表した値型の例です。値型がもつ区画は値（values）だけなので、区画名は省略されます。プロパティは値区画と同じ表記方法を用います。

図5.29: 値型の例

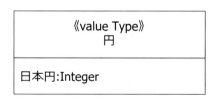

5.3 ブロック定義図と要求図の関係

ブロック定義図と要求図には充足の関係がある

　ブロックはシステムの構成要素なので、要求図で記述された要求の実現手段であるととらえることができます。第3章「要求図(Requirement Diagram)」の「充足」項目で述べた通り、要求と実現手段は詳細化の関係で接続することができます。

　SysMLでは要求とブロックの関係を記述するために、要求図にブロックを記載することができます。図5.30がブロックを記載した要求図の例です。ブロックと要求は詳細化（《refine》）の関係で接続します。この要求図から「電子マネーでの支払い」要求は「ICカードリーダ」ブロック（ハードウェア）によって実現されることがわかります。

図 5.30: ブロックを記載した要求図

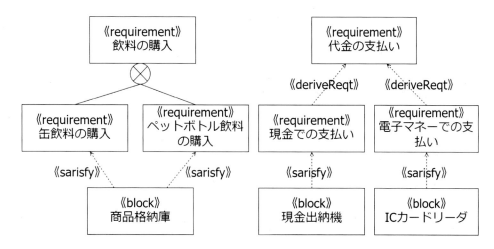

　要求図とブロック図を作成した後にブロックを含む要求図を描くことで、必要なブロックをすべてモデリングしているか確認することができます。ブロックが接続されていない要求は実現できないので、要求図にブロックが表れてこないなら必要なブロックがモデリングされていないことになります。要求図とブロック図を互いに行き来しながら反復して作成していくことで、システム設計の完成度を上げることができることも、SysMLによって得られる効果です。

第6章　内部ブロック図(Internal Block Dia-gram)

6.1　内部ブロック図

　システムは、ブロック定義図で定義したブロックの集まりで構成されます。しかし、ブロック定義図はその名のとおり、ブロックの定義だけが記述されています。そのため、それだけでは実際にブロックがどう接続されて、どのように連携してシステム全体の機能を実現しているのかを理解することは困難です。SysMLにはブロック定義図のほかに、ブロック間のやり取りを記述するための図として、内部ブロック図が定義されています。ブロック間のやり取りとは、ブロック間でのメッセージの送受信や、ブロック間でのデータや物体の移動などです。内部ブロック図はブロック間の関係としてシステム内部の構造を記述する図です。

　図6.1は、自動販売機の商品購入の内部ブロック図です。自動販売機に代金を投入すると、商品が搬出されることをブロック間の接続で表しています。ブロック間を投入された代金や商品である飲料が移動することで自動販売機内部の商品購入機能を表現しており、内部ブロック図の動作を実現できればシステムの機能も実現することができます。

図6.1: 自動販売機の商品購入の内部ブロック図

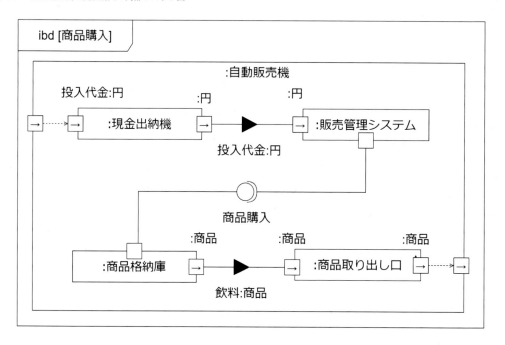

6.2 内部ブロック図の要素

プロパティ (Property)

　内部ブロック図内に記述されるブロックは、「プロパティ」と呼ばれる形式をとります。プロパティはブロックから型（ブロック名）を抽出してプロパティ名をつけたものです。プロパティ名はブロックが実際のシステム内では、どのような扱いがされているのかを表しています（オブジェクト指向プログラミング言語に慣れた方には、ブロックをクラス、プロパティをインスタンスと考えると理解しやすいと思います）。

　プロパティは図6.2の形式で記述します。型は必須ですが、プロパティ名は省略可能です。システム内にひとつしかないブロックなどは、プロパティ名をつけて区別する必要がないので、名前を省略できます。

図6.2: プロパティ

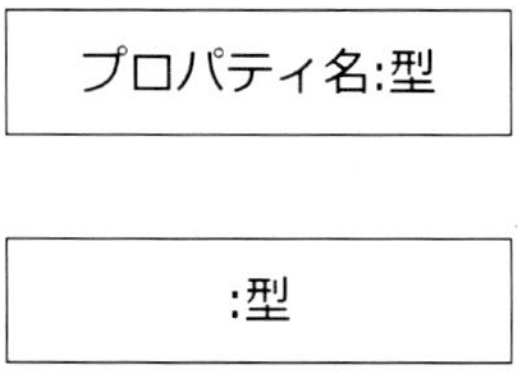

```
┌─────────────────────┐
│    プロパティ名:型    │
└─────────────────────┘


┌─────────────────────┐
│         :型          │
└─────────────────────┘
```

　図6.3は、自動販売機の商品格納庫をプロパティで表した例です。ブロック定義図で定義した「商品格納庫」ブロックがプロパティの型になります。自動販売機内に商品格納庫はひとつしかないので、プロパティ名は省略しています。

図6.3: プロパティの例

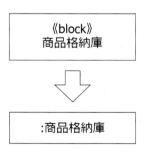

　システムは複数のブロックで構成されるので、ブロック全体は階層構造になっています。階層構造になっているブロックは、内部に別のブロックを持つ構造をとります。自動販売機なら、自動販売機ブロックの内部に商品格納庫ブロックや現金出納機ブロックなど、自動販売機を構成する部品が配置されています。ブロック定義図では共有関連でブロック内部のブロックを表現していましたが、内部ブロック図ではプロパティの内部に直接プロパティを配置して図示します。

　図6.4はプロパティを使って、階層構造になっている自動販売機システムを記述した図です。自動

販売機プロパティの内部に自動販売機を構成する部品に対応したプロパティを配置して、システム構成を表しています。

図6.4: プロパティで内部要素を表現したシステム

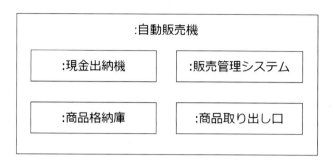

ポート (Port)

プロパティ間をつなぐ接続部になるものがポートです。プロパティがブロック内部の構造を表すのに対して、ポートは外部ブロックとのやり取りを表します。つまり、ブロックが持つ処理の実行や、ブロック間を情報や物体が移動するためのインターフェースになるものがポートです。

ポートは標準ポートとフローポートの2種類に分類できます。

・標準ポート (Standard Port)

ブロック間の操作や受信による関係を表すポートです。ブロックの操作区画に記述されている操作はポートになりますし、その操作を使用するブロックも操作を使用していることを表すポートを持つことになります。受信についても同様です。

・フローポート (Flow Port)

ブロック間を何らかの情報や物体（アイテム）が移動することを表すポートです。ブロック間を移動するデータ、物体、あるいは電力や熱などを移動することを内部ブロック図では「ポートからポートにアイテムが移動している」として記述します。

標準ポート (Standard Port)

標準ポートはプロパティの外枠に小さな四角を置き、その近くにポート名、型、多重度を記述して表します。ポート名によって他のポートと識別されます。型はポートの特性を記述したいとき、多重度は同名のポートが複数存在するときに記述しますが、それぞれめったに使われません。

図6.5: 標準ポート

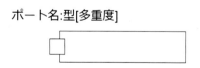

ポート名:型[多重度]

標準ポートになるものは、ブロックの操作区画の操作と受信区画のシグナルです。これをプロパティ間のインターフェースに用いるので、あらかじめブロック内の要素としてブロック定義図に記述しておく必要があります。図6.6はブロック定義図に記述した操作・受信をポートとして内部ブロック図で使用する場合の例です。ポート名には新たな名前を付けていますが、操作・受信の名前をそのまま使ってもかまいません。

図6.6: 操作，受信とポート

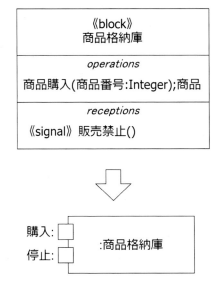

ここでは操作・受信を提供する側だけを記載していますが、操作・受信を依頼する側のプロパティにも、同じポートを記載しておきます。もちろん、依頼側は操作・受信をブロック内の要素として定義しておく必要はありません。

要求/提供インターフェース (Required and Provided Interfaces)

標準ポートを記述したら、それはどのブロックから使用されているのか、どのブロックを使用しているのかを記述します。標準ポートの呼び出しを表すためには、インターフェースの表記を使います。インターフェースには要求インターフェースと提供インターフェースがあり、このふたつを対にして用います。

要求インターフェースは、他のプロパティが持つ操作を呼び出していることを表します。他のプロパティが持っている操作を使用する側、および他のプロパティが受信できるシグナルを送信する側であることを要求インターフェースで示します。

要求インターフェースは、ポートに接続している先端が円弧になった実線です。円弧の下に要求インターフェース名を記述します。

図6.7: 要求インターフェース

要求インターフェース名

　他のプロパティから呼び出されるために提供している操作は、提供インターフェースで表記します。提供インターフェースは、ポートに接続している先端が円になった実線です。円の下に提供インターフェース名を記述します。

図6.8: 提供インターフェース

提供インターフェース名

　適合する要求インターフェースと提供インターフェースは接続して記述します。図6.9は、商品購入処理をインターフェースで表しています。販売管理システムと商品格納庫は商品購入処理を呼び出す関係にあることをモデリングしています。ここでは提供インターフェース名と要求インターフェース名は同じになるので、重複しては記載していません。

図6.9: 商品購入インターフェース

商品購入

　提供インターフェースになるのは、プロパティのブロック型が持っている操作や受信です。内部ブロック図にインターフェースを記述するなら、必ずブロック定義図の対応したブロックに操作や受信が定義されていなければなりません。図6.10は操作・受信を提供インターフェースとして記述した例です。

図6.10: 操作,受信とインターフェース

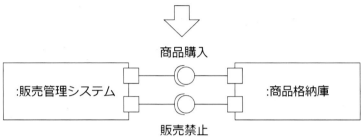

コネクタ (Connector)

コネクタとはポートとポートを結ぶ実線です。プロパティ間で情報やアイテムが移動する通り道であることを表します。

図6.11: コネクタ

アイテムフロー (Item Flow)

フローポートは、プロパティ間で何らかの情報や物体が移動する出入口です。ここで移動するものをアイテムと呼び、実際に移動しているアイテムをアイテムフローと呼びます。アイテムフローは三角が付いたついた実線でポートとポート間をつなぎ、実線の近くにアイテム名と型を書くことで表します。アイテムフローの型はあらかじめブロック定義図に記述して定義しておきます。

なお、フローポートには入力と出力の両方ができることも指定できます。この場合はアイテムフローが双方向に移動しますが、三角形の向きはどちらでもかまいません。

図6.12: アイテムフロー

アイテム名:型

　図6.13は、自動販売機の商品搬出を内部ブロック図で表した例です。商品格納庫から商品取り出し口まで商品が搬出されることをアイテムフローで表しています。ここで商品格納庫プロパティと商品取り出し口プロパティ間を移動するものは「商品」なので、フローポートの型は「商品」になります（商品はブロックとして定義されているものとします）。アイテムフローの型も商品です。販売されるものは飲料なのでアイテム名は飲料とし、アイテムフローを「飲料:商品」と記述しています。

図6.13: 商品搬出のアイテムフロー

商品搬出:商品　　　商品搬出:商品

:商品格納庫　　　:商品取り出し口

飲料:商品

フローポート (Flow Port)

　フローポートはプロパティ間のアイテムの出入口になるもので、アイテムフローが接続されます。図6.14がフローポートの例です。フローポートからアイテムが移動する向きは入力・出力、および入力と出力の両方を行う入出力のいずれかになります。入出力方向はポート内に矢印の向きで記述します。入出力のポートの場合は矢印ではなく"<>"です。

　ポートのそばにポート名を記述します。標準ポートと違い、ポートの型の代わりにフローポートから出入りするアイテムの型である、フロープロパティの型を使います。また、フロープロパティは省略されることはありません。多重度は指定できますが、使われることはめったにありません。

図6.14: フローポート

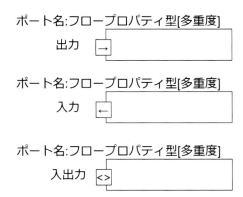

フロープロパティ (Flow Property)

　フロープロパティとは、フローポート出入りするアイテムの型のことです。アイテムフローの型と同じになりますが、フローポートを扱うときにはフロープロパティとして別の物として扱います。実質的に同じなので、アイテムフローの型とフロープロパティの型を別個に定義する必要はありません。

　フロープロパティはフローポートからどのような要素が入出力できるかを示した情報であり、フローポートの型と同義になります。フロープロパティ型はフローポートの近くに図6.15に示すとおりに記述します。

図6.15: フロープロパティ

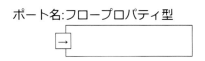

共有特性 (isConjugated)

　入出力が指定されたフローポートは、アイテムフローによって入力と出力が入れ替わります。この場合は、入力側のフロープロパティに共有特性と呼ばれる「~」の記号をつけてフローの向きを示します。

　図6.16の例では、通信ユニットとICカードリーダ間が通信データのフローで接続されている場合のICカードの残高を無線通信で問い合わせるときのフローを表しています。この通無線信は残高の問い合わせと残高通知の通信を行うのでフローポートは入出力ですが、残高問い合わせのときはICカードリーダが出力、通信ユニットが入力になります。そのため、通信ユニット側のフロープロパティに共有特性「~」をつけて、フローポートが入力として機能していることを示しています。残

高通知の場合はICカードリードのフロープロパティに共有特性をつけて逆向き(ICカードリーダが入力)のフローになることを示しています。

図6.16: 共有特性の例

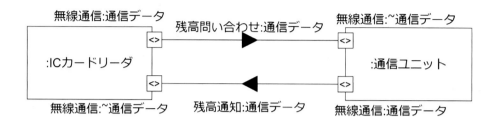

プロキシーポート (Proxy Port)

　プロパティが階層構造を持っている場合、内部ブロック図ではプロパティの内部に他のプロパティが含まれる構造をとります。このとき、内部のプロパティが持つ操作は外部には公開されていないので、階層構造の外にあるプロパティからはアクセスできなくなります（オブジェクト指向プログラミングの知識のある方は、オブジェクト内部の関数は外部から自由に使用できないことと同じと考えてもらえるとわかりやすいと思います）。

　この問題を解決するために、内部ブロック図にはプロキシーポートが用意されています。プロキシーポートとはプロパティが入れ子になって配置されている場合に、内部プロパティのポートを外部のプロパティのポートとして疑似的に定義したポートです。あくまで外部プロパティに疑似的に記述しただけですので、プロキシーポートは内部プロパティに含まれる要素です。

　図6.17は、自動販売機の内部にある現金出納機ブロックのポートを使用するプロキシーポートです。プロキシーポートはステレオタイプ《proxy》をつけて、他のポートと区別します。また、プロキシーポートと実際のポート間は点線のコネクタで接続することで、実際には内部の現金出納機プロパティのポートであることを示します。

　ここではプロキシーポートが自動販売機プロパティのポートとして記述されていますが、実際には内部の現金出納機プロパティのポートです。つまり、硬貨投入口は現金出納機の一部分として存在しており、自動販売機ブロックの一部ではありません。「硬貨を投入したら現金出納機に直接送られ、自動販売機の筐体は投入硬貨に対して何もしない」ことをモデリングしています。

図6.17: プロキシーポート

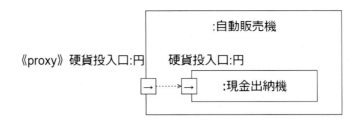

6.3　内部ブロック図とブロック定義図の関係

内部ブロック図とブロック定義図は同じ要素を表している

　内部ブロック図は、ブロック定義図で定義したブロックをブロック間のつながりが理解しやすくなるように描きなおしたものです。そのため、内部ブロック図で使用する要素は、すべてブロック定義図で定義されていなければなりません。

　例として、ブロックとプロパティの関係を図6.18に示します。ブロック定義図で共有関連を使って、結合されたブロックは内部ブロック図では入れ子になったプロパティとして記述します。

図6.18: ブロック定義図と内部ブロック図のプロパティの関係

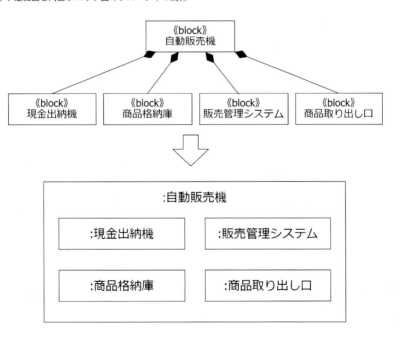

　また、内部ブロック図で使用するプロパティの標準ポートは、ブロック定義図で定義されている必要があります。アイテムフローに使用するアイテムやフロープロパティの型もブロック定義図で定義されていなければなりません。ブロック定義図と内部ブロック図は、同じシステムの構造を異

なる視点で記述したものになります。

第7章 シーケンス図(Sequence Diagram)

7.1 シーケンス図

　システムの構成要素は別の要素に処理の要求を出したり、逆に他の要素から処理の要求を受けたりしながら協調して動作します。この要素間の相互作用を時系列にそって、順番に記述していくSysML図がシーケンス図です。相互作用とはシステム構成要素の間で発生する処理の要求や依頼であり、シーケンス図ではメッセージと呼ばれる横向きの矢印で記述されます。

　例として、図7.1の「硬貨投入」メッセージを取り上げます。硬貨投入とは「消費者が自動販売機にお金を投入すること」を指しています。これをメッセージでモデリングすると、「消費者要素から現金出納機要素まで硬貨投入という相互作用が発生し、その結果として硬貨の枚数に相当する金額が通知される」となります。このようにシステム内で発生する処理を要素間のやり取り（相互作用）ととらえて、発生順に記述していきます。シーケンス図を作成することで、システム内の処理順序の理解が容易になります。

　なお、シーケンス図の構成要素としてブロックと使用する場合は、相互作用はブロックがプロパティとして持っている「操作」と「受信」になります。

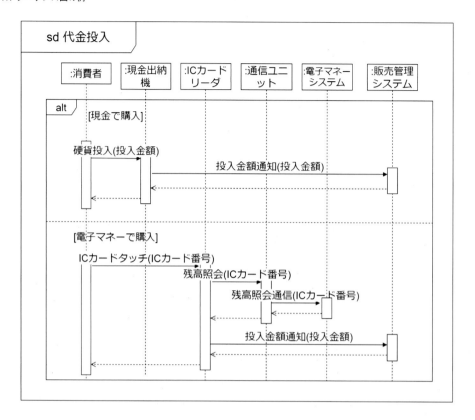

7.2 シーケンス図の要素

参加要素 (Participant)

　参加要素はシーケンス図に参加している要素を示します。ブロック定義図のブロックやユースケース図のアクターが参加要素の候補になります。参加要素は図7.2の形式で記述します。上部にあるヘッドには要素の名前と型を記入します。書式は「名前:型」ですが、名前は同じ型の要素がひとつしかない場合など名前がなくても要素を特定できるなら省略できます（本書ではすべて名前を省略しています）。

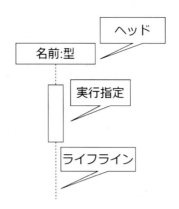

・実行指定(Execution Specification)

　参加要素は、常に動作をしていなければならないわけではありません。電源は投入されていても、外部の要素から操作されるまで処理を行わないユニットなども存在します。このような処理を行っていない期間は、実行指定を記述することで区別できます。実行指定は実際にライフラインの要素が処理を行っている期間であり、ライフライン上の四角で表されます(実行指定は、UML 2.0では活性区間や実行オカレンスなどとも呼ばれていました)。

・ライフライン(Lifeline)

　参加要素が存在している期間です。縦の破線で表記します。実行指定がない範囲であっても、参加要素が消滅していないなら、ライフラインを記述します。

メッセージ(Message)

　メッセージはライフライン間の相互作用、つまりライフラインの構成要素が持つ「操作」を実行することや「受信」で処理を依頼することを表します。図7.3は自動販売機に硬貨を投入したときの処理をメッセージで表したものです。このシーケンス図では硬貨の投入を、「消費者」から自動販売機の「現金出納機」まで「硬貨投入」メッセージが渡される形で表しています。硬貨投入メッセージには、「投入金額」が含まれているので、投入された硬貨の枚数が現金出納機に伝達されています。

　メッセージとして記述できるものは、ライフラインに割り振られたブロックにプロパティとして定義されていなければなりません。この例では「硬貨投入」は現金出納機の操作プロパティで定義されており、消費者がそれを利用しています。

図 7.3: メッセージの例

　メッセージには発生する順序に番号を振ることができます。必要がなければ番号は省略できます。メッセージには同期メッセージ、戻りメッセージ、非同期メッセージがあります。各メッセージは矢印の形状やメッセージの書式が異なっています。

同期メッセージ (syncCall)

　要素間の同期的な処理を表すメッセージです。同期的な処理とは、「メッセージを送信した要素は、メッセージを受信した要素がその処理を開始してから終了するまで他の処理が行えない」という意味です。同期メッセージは三角の先端を持つ矢印で表記します。同期メッセージは図7.3の書式で記述します。

　パラメータリストはメッセージで渡される情報です。カンマで区切って複数の引数を指定できます。戻り値型は同期メッセージに対する返信として、戻ってくる情報や物体が持つ型です。戻り値型はひとつしか指定できませんが多重度を指定することができるので、同じ型の要素が複数戻ってくるメッセージを記述できます。パラメータ、戻り値は、それぞれ存在しないメッセージの場合は空欄で記述します。

図 7.4: 4 同期メッセージ

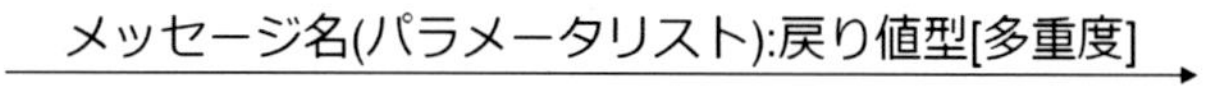

メッセージ名(パラメータリスト):戻り値型[多重度]

　図7.5は、同期メッセージの例として自動販売機の商品購入処理をモデリングしたものです。同期メッセージなので、商品購入の依頼を出したブロックは戻り値の商品を受け取るまで他の処理を行うことができません。何も処理を行わずに待っていなければなりません。

　メッセージ名は処理の名前になるので「商品購入」です。パラメータリストは処理に追加される情報なので、投入された硬貨と枚数です。100円，50円，10円が投入できることを表すために、投入できる硬貨をカンマで区切って記述しています。商品を購入する処理なので、処理の戻り値になるものは商品です。多重度が設定されているので、1個から最大で10個までまとめて購入できることが表されています。

図7.5: 同期メッセージの例

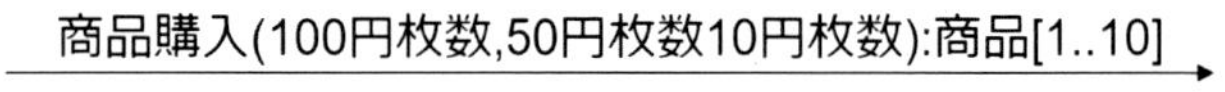

<u>商品購入(100円枚数,50円枚数10円枚数):商品[1..10]</u> →

同期メッセージはブロックへの処理依頼ですので、ブロック定義図でブロックの操作(operations)プロパティとして定義されている必要があります。この同期メッセージを操作プロパティで表すと図7.6になります。

図7.6: 同期メッセージとなるブロック定義図の操作プロパティ

《block》 自動販売機
operations
商品購入(100円枚数,50円枚数10円枚数):商品[1..10]

戻りメッセージ

同期メッセージの返信を返すメッセージです。同期メッセージが何らかの情報や物体を取得する内容だった場合、要求された情報や物体が渡されることを戻りメッセージで表記します。戻り値がない同期メッセージの場合は戻りメッセージを省略できます。この場合は戻り値は書かずに矢印だけを記述することもあります。

図7.7: 戻りメッセージ

← ‥‥‥‥‥‥‥‥ 戻り値 ‥‥‥‥‥‥‥‥

戻りメッセージの書式は正確には以下になります。

図7.8: 正式な戻りメッセージ

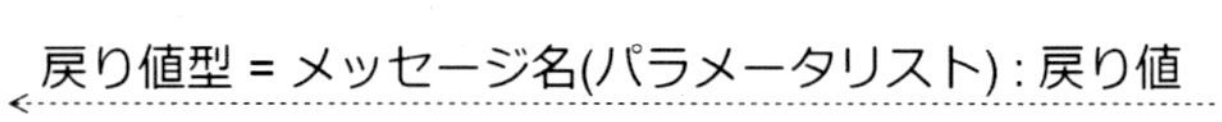

← 戻り値型 = メッセージ名(パラメータリスト) : 戻り値

戻り値は実際に同期メッセージの処理の結果として、何が戻ってくるのかを表します。同期メッセージの処理の結果としてどのようなデータ、物体、情報が戻ってくるかを指定します。商品購入メッセージの例では、戻り値型は「商品」ですが、戻り値は商品の名前の「コーヒー」や「お茶」などになります。戻り値型に名前がついていなければ、型を戻り値として指定してもかまいません。それ以外のメッセージ名、パラメータリスト、戻り値型は対になっている同期メッセージで指定された値と同じ値を用います。

ただし、多くのモデリングツールはここまで正確に記述されることはなく、戻り値だけを記述する表記になっています。SysMLの文法的には正確ではないのですが、戻り値だけの記述でも読み手に誤解を与えなければかまわないと思います。

図7.9: 戻りメッセージの例

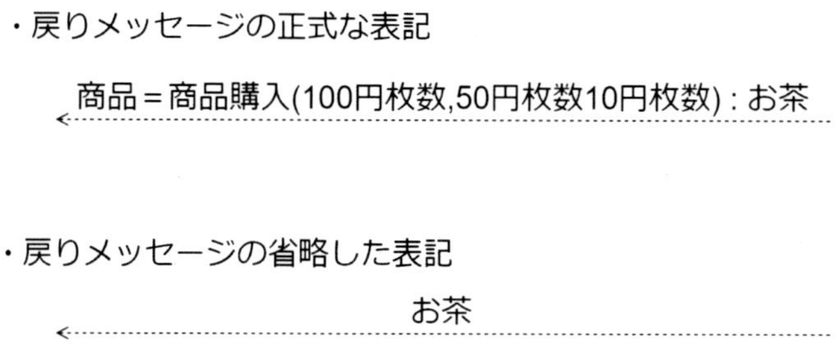

・戻りメッセージの正式な表記

商品＝商品購入(100円枚数,50円枚数10円枚数) : お茶

・戻りメッセージの省略した表記

お茶

非同期メッセージ(asyncSignal)

　要素間の非同期処理を表すメッセージです。非同期処理とは「メッセージを送信した要素は、メッセージを受信した要素がその処理を終了することを待たずに別の処理が行える」という意味です。要素間でデータ通信などをしているなら、多くの場合非同期メッセージでの記述になります。非同期メッセージの書式は以下になります。パラメータリストは同期メッセージと同じ記法なので、カンマで区切って複数の引数を指定できます。

図7.10: 非同期メッセージ

メッセージ名(パラメータリスト)

　非同期メッセージには同期メッセージと違って戻り値を定義することはできません。応答がある処理なら、図7.11のように、逆向きの非同期メッセージで記述します。

図7.11: 非同期メッセージの応答の例

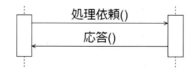

　非同期メッセージはブロックへの通信ですので、ブロック定義図で受信(Recptions)プロパティとして定義されている必要があります。図7.12の非同期メッセージを操作プロパティで表すと、図7.13になります。

図7.12: 非同期メッセージの例

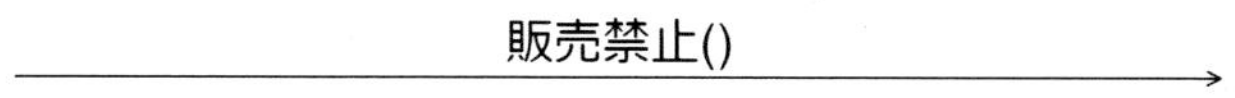

販売禁止()

図7.13: 非同期メッセージとなるブロック定義図の受信プロパティ

《block》 商品格納庫
receptions
《signal》 販売禁止()

自己メッセージ(Self Message)

　メッセージは自分自身に向けて送信することできます。自分が用意している操作を自分で呼び出す場合に、自己メッセージを使います。自己メッセージは自分に向けて矢印を引く以外は、同期メッセージと同じ書式を用います。

　なお、呼び出し元と呼び出し先の実行指定は別にするようにします。図7.14のように、呼び出し元の実行指定に重なるように、呼び出し先の実行指定を記述します。戻りメッセージも同様に、呼び出し先の実行指定から呼び出し元の実行指定に伸びるように記述します。

図7.14: 自己メッセージ

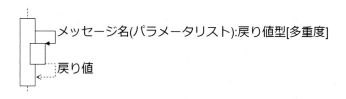
メッセージ名(パラメータリスト):戻り値型[多重度]
戻り値

複合フラグメント (CombinedFragment)

　システムの動作をシーケンス図で記述していると、同じ処理を繰り返し行わせたり、条件によって複数の処理から実行する処理を選択させたりしたいことがあります。このような処理を記述する場合は、複合フラグメントを用います。

図7.15: 複合フラグメント

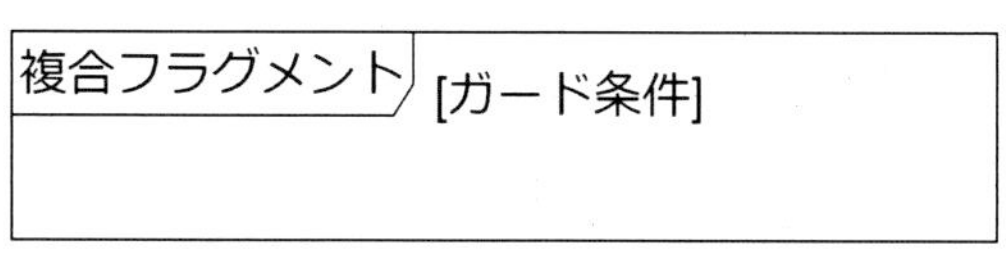

複合フラグメント╱ [ガード条件]

シーケンス図の一部を複合フラグメントのフレームで囲むことで、その範囲のシーケンスが繰り返しや選択など、特別な動作をすることを指定できます。複合フラグメントで囲まれた領域がどのような動作を行うかは、フレームの左上に記述します。ガード条件は選択などを行う複合フラグメントの選択条件です。"[ ]"で囲んで記述します。

代表的な複合フラグメントには、次のものがあります。

・オプション(opt)

オプション(opt)で囲まれた領域は"[ ]"で囲まれたガード条件が満たされているときのみ実行されます。図7.16の例では「硬貨投入」のメッセージは商品在庫があるときにのみ発生することを記述しています。商品在庫がないときは売り切れなので、硬貨の投入が行われない構造がモデリングされています。

シーケンス図の処理がオプションの領域に到達したときにガード条件を満たしていない場合は、複合フラグメントで囲まれたシーケンスは一切実行されずに処理がスキップされて、複合フラグメントのフレームの次のメッセージから処理を行います。

図7.16: オプション

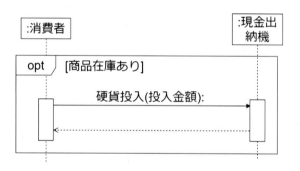

・オルタナティブ(alt)

オルタナティブ(alt)で囲まれた領域はさらに複数の領域に分かれており、そのうち"[ ]"で囲まれたガード条件が満たされた方が実行されます。図7.16は、現金と電子マネーの両方が使える自動販売機の代金支払いの処理をオルタナティブで表しています。ガード条件は消費者がどちらの支払い方法を選ぶかを表しており、選んだ方法の代金支払い処理が実行されます。

オプションと同様に、オルタナティブのガード条件がすべて満たされない場合はいずれの処理も実行されず、複合フラグメントフレームの次のメッセージが実行されます。

図 7.17: オルタナティブ

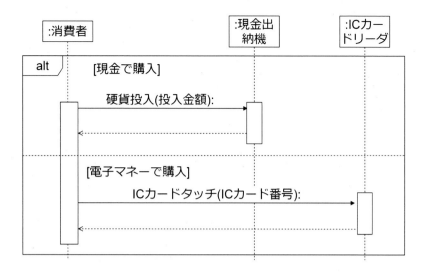

・ループ (loop)

ループは (loop) で囲まれた領域はガード条件 ("[ ]") で指定された条件を満たしている限り、繰り返し実行されます。図7.16は、商品在庫がある限り商品を購入し続けることができる自動販売機のシステムを表しています。

図 7.18: ループ

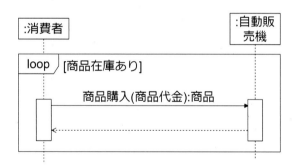

相互作用使用 (Interaction Use)

相互作用使用は、シーケンス図の中に他のシーケンス図が含まれていることを表す表記方法です。相互作用使用を用いると、シーケンス図が巨大になることを避けられます。

図7.19が相互作用使用の例です。硬貨投入より前に初期化処理が行われていることを表しています。「初期化」で具体的に何を行っているかはこのシーケンス図には表記していないので、別に存在する「初期化」を記述したシーケンス図を参照してほしいという意味になります。

7.3　シーケンス図とブロック定義図の関係

アクターまたはブロックがシーケンス図のライフラインになる

　シーケンス図の参加要素になるものは、アクターとブロックです。シーケンス図はブロック定義図、内部ブロック図、ユースケース図で定義された構造を処理順番で時系列に並び替えて表した図になります。そのため、シーケンス図に記述できるメッセージは、ブロック定義図に記載されていなければなりません。ライフラインが受信できるメッセージはブロックの操作(operations)および受信(receptions)にも定義します。図7.20はこの関係を表しています。

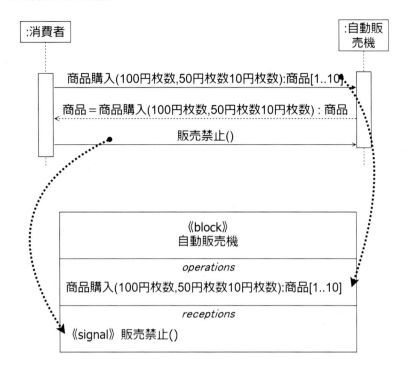

7.4 シーケンス図とユースケース図の関係

シーケンス図の複合フラグメントでユースケース図の包含を記述できる

　シーケンス図は詳細な処理からシステム全体の処理まで、様々な粒度で記述できます。システム全体の処理をシーケンス図で表す場合は、シーケンス図とユースケース図は同じ処理を表すことになります。このとき、ユースケース図が包含を使った複数の処理で構成されているなら、シーケンス図は複合フラグメントを使った分岐処理で記述します。

図7.21: シーケンス図とユースケース図の関係

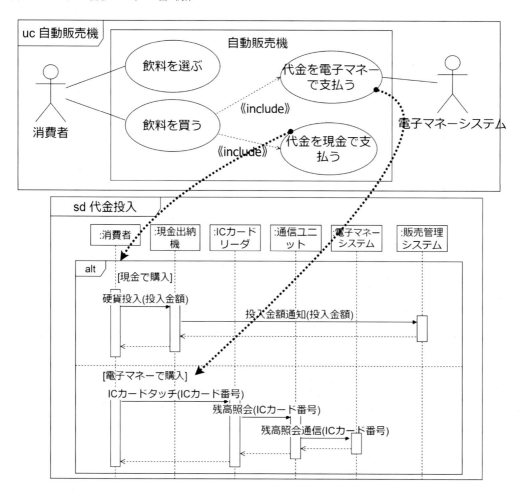

第8章 アクティビティ図(Activity Diagram)

8.1 アクティビティ図

　シーケンス図では、要素間の相互作用をもとにシステムの振る舞いを記述しました。相互作用に限定せずに、システム内部で発生する様々な処理の実行順序を記述するSysML図がアクティビティ図です。アクティビティ図はフローチャートに似た記述方法をとるため、文法を知らなくても直感的に理解できます。

　図8.1が、自動販売機の商品購入処理を記述したアクティビティ図の例です。商品ボタンが押されたことから始まり、最終的に商品が取り出し口から取り出されるまでを記述しています。

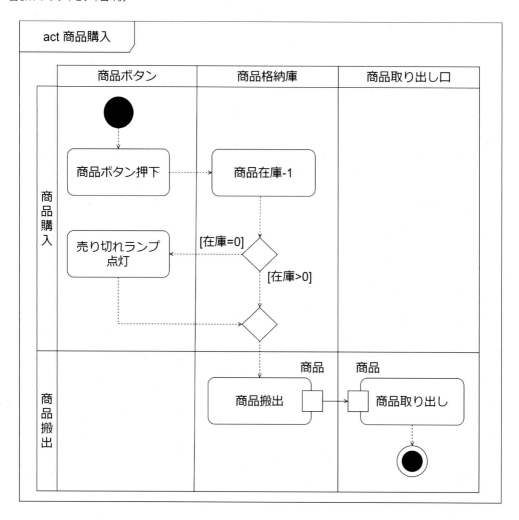

アクティビティ図で記述できる処理の粒度は、モデラーが自由に決めることができます。システム全体でどのような処理が行われるのかを記述することもできますし、ひとつのブロック内部で行われる処理を詳細に記述することもできます。ただし、異なる粒度の処理を同じ図内に記述することは読み手の理解を妨げる要因になるので、避けたほうがよいでしょう。

8.2　アクティビティ図の要素

アクティビティ（Activity）

アクティビティは実行される処理を表したものです。角の丸い四角の中に処理内容を記載します。図8.1の例では「商品ボタンが押されること」をアクティビティとして記述しています。

図8.2: アクティビティ

```
商品ボタン押下
```

　アクティビティの対象になるのは、ブロックが実行する処理になります。アクティビティの粒度はモデラーが自由に設定できます。「カウンターを1加算する」というように、非常に小さな単位でアクティビティを定義することもできますし、逆に「商品を購入する」のようにブロック全体の処理をアクティビティにすることもできます。

開始ノード（Initial Node）

　アクティビティ図は開始ノードから処理を開始します。開始ノードは図8.3のように黒丸で記述します。

　アクティビティ図には、必ずひとつの開始ノードが存在していなければなりません。また、ひとつのアクティビティ図に開始ノードを複数記述することはできません。開始ノードは処理の始まりを表すだけで、何も処理を行いません。開始ノードに接続されたアクティビティが実際に行われる最初の処理です。

図8.3: 開始ノード

終了ノード（Final Node）

　処理が終了ノードに達した時点で、そのアクティビティ図は終了になります。終了ノードは丸の中に黒丸がある図形で記述します。

図8.4: 終了ノード

　終了ノードは存在していなくても構いません。たとえば、一度電源を入れると24時間連続稼働するシステムなどには、明確な処理の終わりが存在していません。このようなシステムを記述する場合は、終了ノードのないアクティビティ図になります。

　また、ひとつのアクティビティ図の中に複数の終了ノードが存在することは認められています。実際に、処理の流れが途中で分岐するフローの場合は終了ノードが複数になることがあります。

コントロールフロー（ControlFlow）

　アクティビティ図では、実行する順番で処理を記述します。この処理順序を表すのが、コントロールフローです。アクティビティの処理が終了すると、コントロールフローの矢印にそって次のアクティビティの処理が実行されます。

　コントロールフローは破線矢印で記述します。実線矢印で記述することも認められているのですが、実線では後述するオブジェクトフローと区別がつけづらくなるので、破線を使うほうがよいでしょう。

図8.5: コントロールフロー

オブジェクトフロー（Object Flow）

　システムの処理として、直前の処理の出力が次の処理の入力になることがあります。複数の工作機械の間で部品が加工されながら移動していくシステムが典型的な例です。アクティビティ図では、アクティビティの出力をオブジェクトと呼んでいます。アクティビティ間で何らかのデータや物体が移動しながら処理が継続していく処理は、アクティビティ間をオブジェクトが移動しているものとして記述します。このときの処理の流れをオブジェクトフローと呼びます。オブジェクトフローは実線で記述します。

図8.6: オブジェクトフロー

　図8.7がオブジェクトフローの例です。ここでは「商品搬出」処理によって商品が搬出され、それが「商品取り出し」処理で取り出されるようになることをオブジェクトフローで記述しています

図8.7: オブジェクトフローの例

　オブジェクトフローのもうひとつの表し方として、ピンを使った表記方法があります。アクティビティに小さな四角（ピン）を記述することで、アクティビティ間でオブジェクトが渡されること

を表現できます。ピンのそばに移動するオブジェクトの名前を記述します。ピンとピンはオブジェクトフローで接続します。

図8.8: ピンを使用したオブジェクトフロー

デシジョン（Decision Node）

　処理のフローが条件で分岐することを表すのが、デシジョンです。デシジョンはひし形の四角で記述し、ひとつの入力フローと複数の出力フローを持っています。出力フローのそばにガード条件と呼ばれるそのフローが実行される条件を記述します。ガード条件は"[ ]"で囲んで記述します。

図8.9: デシジョン

　図8.10では、在庫が0だったときのみ売り切れランプが点灯する処理をデシジョンで記述しています。

図8.10: 10デシジョンの例

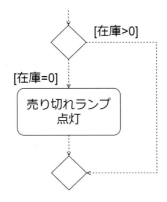

　ひとつのデシジョンから出力しているフローのガード条件は、同時に複数が満たされないように

しなければばなりません。また、ガード条件がひとつも満たされない状況が発生しないようにモデリングすることも必要です。図8.11に示すようにガード条件に[else]（他のガード条件がすべてみたされないときに実行される）を記述すれば、ひとつもガード条件が満たされないことは回避できます。

図8.11: elseのあるデシジョン

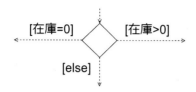

マージ（Merge Node）

デシジョンとは逆に、複数のフローが合流することを表すのがマージです。マージはデシジョンで分岐したフローが再びひとつになることを表すために用います。

図8.12に示した例のように、デシジョンと同じひし形の四角で表記します。デシジョンとは異なり、マージは複数の入力フローを持ち、出力フローはひとつだけです。

図8.12: マージ

パーティション（Partition）

アクティビティ図では、複数のブロックが連携してより大きな処理を実現することを表すことができます。このような図では、各アクティビティがどのブロックで実行されるのか、あるいは全体の処理が分割できるなら処理のどの部分で実行されるのかなどを表記したほうが、フローの流れがわかりやすくなります。そのため、アクティビティ図には、パーティションと呼ばれる区画を用いた記法が定義されています。

図8.13は「商品ボタン」「商品格納庫」「商品取り出し口」の3つのブロック間でフローが移動しているアクティビティ図です。この図では、縦のラインをブロックが割り当てられたパーティションで分割しています。各パーティション内のアクティビティは、それぞれ割り当てられたブロックが行う処理になります。パーティションを導入することでアクティビティを実現するブロックはどれなのか、どのフローがブロック間を移動するものなのか、などがわかりやすい図になります

また、図8.13は横のラインも「商品購入」「商品搬出」と名前が付けられたパーティションになっています。これにより、商品購入パーティションに含まれるアクティビティは、商品購入処理を行

うときに実行されるものであることが理解しやすくなります。

　なお、パーティションは見た目が競泳のレーンに似ているため、スイムレーンと呼ばれることもあります。

図8.13: パーティションの例

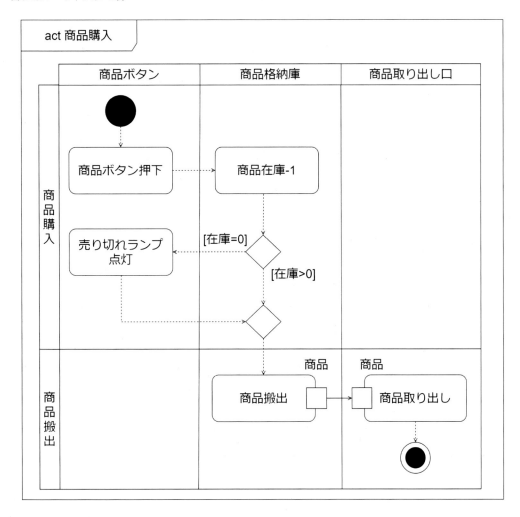

8.3　アクティビティ図と内部ブロック図の関係

アクティビティ図と内部ブロック図にはアロケーションの関係がある

　アクティビティ図は、ブロック間の処理の順序を表した図です。ブロック間の処理のつながりは内部ブロック図で記述します。同じ対象をモデリングしていますが、アクティビティ図では振る舞いをモデリングし、内部ブロック図は構造をモデリングしています。このとき、アクティビティ図と内部ブロック図にはアロケーションの関係があります（アロケーションについては第12章「アロ

ケーション (Allocation)」を参照してください)。

　図8.14は、アロケーションを記述したアクティビティ図と内部ブロック図の例です。アロケーションを記述すると、このふたつの図の同じ要素を振る舞いと構造の視点からモデリングしたものであることを明示できます。

図8.14: アクティビティ図と内部ブロック図のアロケーション

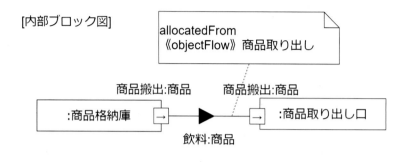

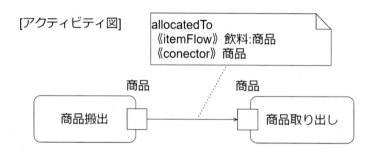

第9章　ステートマシン図(State Machine Diagram)

9.1　ステートマシン図

　システムは内部に様々な「状態」を持っていることがあります。自動販売機を例にするなら、内部に「販売中」状態と「売り切れ」状態を持っています。「販売中」状態ではお金を入れて商品を購入できますが、「売り切れ」状態ではお金を入れても返金されるだけで、商品を購入できません。このように、状態によってシステムの振る舞いは変化します。また、商品がすべて売れると「販売中」から「売り切れ」に状態が変化し、商品を補充すると「売り切れ」から「販売中」に状態が変化します。この状態変化を遷移と呼びます。遷移はなんらかのトリガーによって発生します。「販売中」から「売り切れ」への遷移のトリガーは、商品在庫が0になることです。

　シーケンス図は、システムの内部状態の遷移を表現する図です。システムがどのような状態を持っているのか、状態を遷移させるトリガーは何なのかを図示できます。

　図9.1は自動販売機の商品購入処理をステートマシン図で記述したものです。商品購入処理は「商品購入可能」「売り切れ」のふたつの状態からなっています。商品購入ごとに商品在庫が減っていき、商品在庫が0になると売り切れ状態に遷移して、その後は商品が購入できなくなることをモデリングしています。

図9.1: ステートマシン図の例

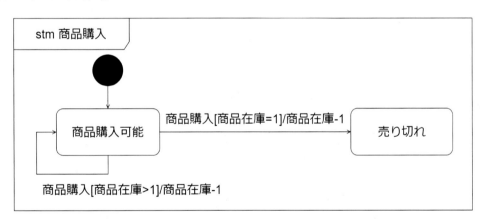

9.2　ステートマシン図の要素

状態（Simple State）

　システム内部の状態を表します。状態は角の丸い四角で記述し、中に状態の名称を記入します。

状態はアクティビティと同じ記述をしますが、意味はまったく異なっています。アクティビティが具体的な処理を表すのに対して、状態はシステムがどのような処理ができるのかを表します。アクティビティ図のパーティションが状態に相当すると考えるとわかりやすいかと思います。

図9.2: 状態

状態

遷移（Transition）

状態の遷移は実線の矢印で表します。矢印の方向に状態が移り変わっていきます。

矢印のそばに状態遷移を発生させるトリガーを記入します。トリガーにはシステム外部で発生したユーザーの操作や、システム内部で発生した時間経過など状態遷移の原因となる現象が該当します。

トリガーが発生したうえでさらに他の条件を満たしていないと遷移が発生しない場合は、その条件をガード条件に記述します。ガード条件がない場合は「[ ]」も含めてガード条件の記述をすべて削除できます。

遷移時に何らかの処理が行われる場合は、その処理を遷移振る舞いに記述します。遷移振る舞いがない場合も同様に、「/」を含めて記述をすべて削除できます。

図9.3: 遷移

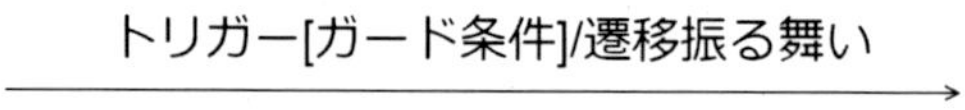

トリガー[ガード条件]/遷移振る舞い

図9.4は、自動販売機の商品購入後の売り切れ状態への遷移です。トリガーは「商品購入」であり、消費者が商品購入を行うことで状態遷移が発生します。遷移振る舞いが「商品在庫-1」なので、購入ごとに商品在庫が1減ることを表します。売り切れ状態への遷移なのでガード条件を「商品在庫=1」として、商品在庫が最後の1個のときに商品が購入されると売り切れ状態に遷移することを表しています。

図9.4: 売り切れ状態への遷移の例

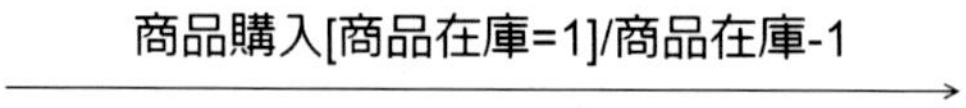

商品購入[商品在庫=1]/商品在庫-1

もうひとつの遷移の例として、商品ボタンが押されたことをトリガーとする遷移を示します。この遷移ではガード条件がなく、トリガーが発生すると必ず遷移します。また、遷移にともなって発生する処理もありません。そのため、ガード条件と遷移振る舞いはすべて削除されています。このような遷移もSysMLの仕様を満たしているので、認められています。

商品ボタン押下

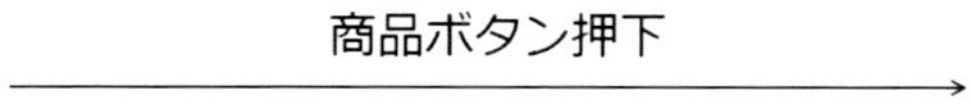

開始疑似状態（Initial Pseudo State）

　ステートマシン図の開始位置を表すのが、開始疑似状態です。ステートマシン図は開始疑似状態から開始して、状態を遷移していきます。

図9.6: 開始疑似状態

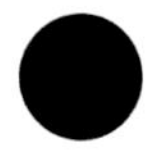

終了状態（Final State）

　終了状態はステートマシンを終了させる状態です。遷移が終了状態に達したら、そこでステートマシンは終了します。それ以降はトリガーが発生しても、遷移は行われません。

　終了状態は存在していなくても構いません。たとえば、電源を入れると24時間連続稼働するシステムには明確な終了がありませんので、ステートマシン図でモデリングすると終了状態がない図になります。

図9.7: 終了状態

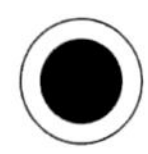

第10章　パラメトリック図(Parametric Diagram)

10.1　パラメトリック図

　システムには重さ、長さ、電力などの様々な数値を持っており、それらには数学的な関係があります。この関係は物理法則に則っており、システムの制約となっています。ここでの制約とは、「システムが常に満たさなければならない条件」と定義されます。

　システムが満たさなければならない制約を記述する図が、パラメトリック図です。パラメトリック図を利用すると、システムが制約を満たしているのかいないのかを設計の早期に検出できるようになります。

　図10.1の例では、速度をパラメトリック図で記述しています。エンジンの加速度と車体の速度には速度の関係があり、この関係で示される制約を満たさなければならないことをモデリングしています。

　エンジンと車体は、ひとつのシステムを構成する別個の要素です。これまでに解説したSysMLの図には異なる要素間の制約を記述する方法はありませんでした。そこでパラメトリック図の必要性が出てきます。パラメトリック図はシステムの要素間に存在する制約を記述するための図になります（本書ではモデルの例として自動販売機システムを使っていますが、パラメトリック図だけは自動販売機の中にわかりやすい数学的な制約を見つけることができなかったので、自動車のエンジンを例に使っています）。

図10.1: パラメトリック図

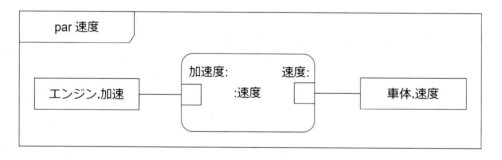

10.2　パラメトリック図の要素

制約ブロック（Constraint Block）

　制約ブロックは制約の定義を記述したブロックです。ステレオタイプ《constraint》が付与された

ブロックになります。なお、制約ブロックはパラメトリック図ではなく、ブロック定義図に記述します。そのため、パラメトリック図を記述する際には、別に制約ブロックを定義したブロック定義図も作成する必要があります。

　ブロック内にも制約区画があり制約が記述できますが、ブロック内の制約はそのブロック内の値に存在する制約だけを記述できます。異なるブロックの値の間に存在する制約は制約ブロックを使って記述します。

　制約は制約(constraints)区画に"∥"で囲まれた数式で記述します。ブロックの制約区画の記述方法と同じです。

　制約式に用いる制約パラメータは、パラメータ(parameters)区画に「値名:型」の書式で記述します。型は単位があるなら単位になります。単位がなければ、Real(実数)などプリミティブ値型を使用します。制約パラメータには多重度は設定できません。

図10.2: 制約ブロック

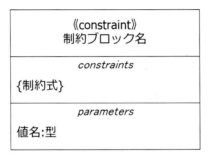

　図10.3が速度を表現した制約ブロックの例です。速度は加速度を積分して求めるので、制約パラメータには速度と加速度を単位とともに記述します。制約式には「速度 = ∫加速度」と記述して加速度を積分した値が速度であることを記述します。システム内に存在する速度と加速度は制約式で記述された関係を常に満たさなければならないことが示されています。

図10.3: 制約ブロックの例

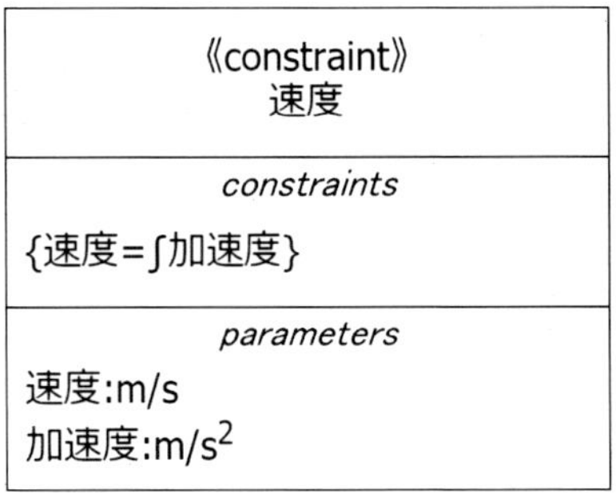

```
         《constraint》
            速度

         constraints
{速度=∫加速度}

         parameters
速度:m/s
加速度:m/s²
```

制約プロパティ（ConstraintProperty）

　制約プロパティは、制約ブロックのパラメトリック図内での表記方法です。ブロック定義図内に
定義した制約ブロックをパラメトリック図内に配置する際には、制約プロパティの形式にして記述
します。

　制約プロパティは角の丸い四角を使って記述します。内部ブロックで使用するプロパティと同様
に、制約プロパティもブロックの型（ブロック名）とプロパティ名をつけて表します。名前がなく
ても型だけで要素を特定できる場合など、必要がなければ名前は省略できます。

図10.4: 制約プロパティ

　制約プロパティは制約ブロックを表しているので、制約ブロック内に定義した制約パラメータを制
約プロパティ内に記述できます。制約プロパティ内に小さな四角を描き、そのそばに制約パラメー
タ名と型を「制約パラメータ名：型」という書式で記述します。

図10.5: 制約プロパティのパラメータ

　図10.6は図10.3の制約ブロックを制約プロパティで記述したものです。制約ブロックのパラメー
タ区画の値が制約パラメータになるので、速度ブロックで定義されている速度と加速度を制約プロ
パティに記載します。

図10.6: 制約プロパティの例

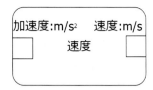

パラメトリック図内のブロックの記述

　制約ブロックはブロック間に存在する制約を記述したものです。そのため、制約プロパティを使って制約を記述するためには、制約の対象になるブロック、およびブロック内に存在する値を記述する必要があります。パラメトリック図内のブロックはプロパティに似た記法で記述できます。ただし値を記述するため「ブロック名:値」の書式で記述します。煩雑になるのを避けるため、型は省略します。

　図10.7がパラメトリック図内のブロックの記述例です。ブロック名と値(values)区画の値を四角の中に記述します。パラメトリック図内ではブロックはこのように記述します。

図10.7: パラメトリック内のブロックの記述

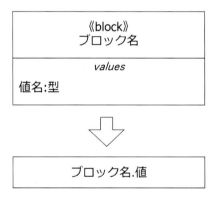

制約プロパティの使用例

　図10.8が制約プロパティの使用例です。ここで「エンジン」と「車体」はブロックです。それぞれ値として、「加速」と「速度」を持っているものとします。ブロックと制約プロパティを接続すると、ブロック間に制約プロパティで示された制約があることを表せます。この例では、「エンジンブロックが持つ加速度」と「車体ブロックが持つ速度」の間には「速度制約ブロックで定義された制約に基づいた関係がある」ことが表されています。

　このように、パラメトリック図はブロックと制約プロパティのパラメータをコネクタで接続して、ブロックが持つ値同士の関係を「制約」として記述していきます。

図 10.8: 制約プロパティの例

第11章　パッケージ図(Package Diagram)

11.1　パッケージ図

　パッケージ図はシステム要素をグループ分けしてわかりやすくするための図です。たとえば、システムに要求が多数ある場合はそれぞれの要求が何に対するものであるのかわかりづらくなります。パッケージ図を利用して要求をグループ分けすると何に対する要求なのか一目でわかるようになり、システムを俯瞰して見ることが容易になります。

　図11.1はパッケージ図の例として、自動販売機の要求をパッケージに分類して表したものです。この図では要求をハードウェア、ソフトウェアに分類しています。

図11.1: 自動販売機のパッケージ図

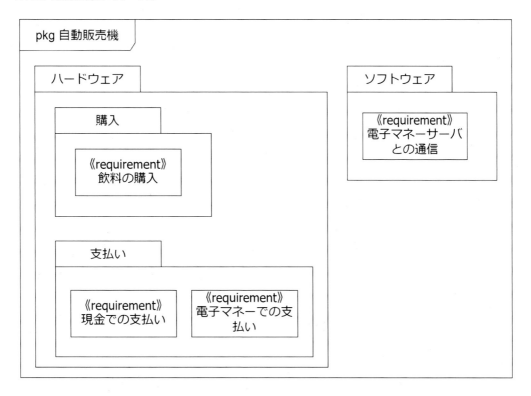

　パッケージ図の仕様では、モデル要素をどのように分類するかまで規定されていません。図11.1の例では要求をハードウェアとソフトウェアで分類しましたが、他にも「ユーザーインターフェースと内部構造」という分類の仕方も考えられます。パッケージの分類方法はモデラーの判断で決定していきます。

なお、パッケージ図で表記できることはブロック図でも同様に表記できます。小規模なシステムならブロック図を作成すればシステムの全体像を把握できるので、パッケージ図を作成する必要性はあまりありません。大規模なシステムを設計する場合は、パッケージ図を作成したほうが全体像を把握しやすくなるでしょう。

11.2　パッケージ図の要素

パッケージ(Package)

　パッケージはモデル要素を分類するためのグループ名です。上部にタブと呼ばれる小さな四角を持つ四角形で記述します。パッケージ名の表記方法はタブにパッケージ名を記述する方法と、要素の内部にパッケージ名を表記する方法の2通りがあります。どちらの表記方法をとってもかまいません。

図11.2: パッケージ

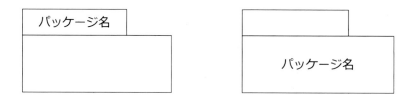

　パッケージは階層構造として表すこともできます。図11.3の例では、パッケージAに含まれる要素はさらにふたつに分類ができ、それぞれサブパッケージB,Cであることを表しています。

図11.3: 階層構造を持つパッケージ

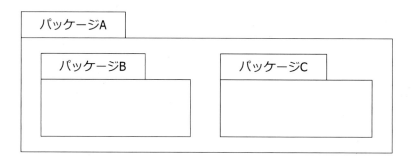

　階層構造になっているパッケージを表記する別の方法として、包含の記号を使う記法が用意されています。図11.4は図11.3と同じパッケージを包含で記述したものです。包含を使う場合はパッケージの外に内部パッケージを記述します。場合によっては、包含記法を使った方が煩雑にならないことがあります。

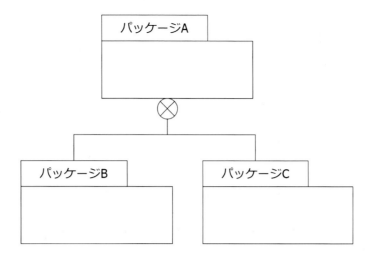

パッケージの内容 (Package Containment)

　パッケージはモデルの要素をグループ化するための表記方法です。グループ化するためには、モデル要素をパッケージ内に配置して表します。図11.5では「現金での支払い」「電子マネーでの支払い」のふたつの要求をパッケージ「支払い」としてグループ化しています。関連性がある要素をまとめることで、読み手の理解を助けることができます。

図11.5: パッケージの内容

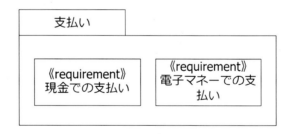

依存 (Dependency)

　あるパッケージが別のパッケージを利用することを表します。別のパッケージに分類されている要素が持つ操作を呼び出す場合に依存が使われます。図11.6はパッケージAがパッケージBを利用していることを表しています。

図 11.6: 依存

　図11.7は自動販売機システムの依存の例です。自動販売機のハードウェアと別に無線通信に関わる要素を無線通信パッケージに分類しています。無線通信は法令などの影響を受けるので、他のハードウェア要素とは分けて取り扱いたいためパッケージを分類しています。パッケージは異なりますが自動販売機は無線通信に必要な処理は利用したいので、依存の関係を記述して無線通信の処理を使用できることを表しています。

図 11.7: 自動販売機の依存の例

インポート (Public Package Import)

　パッケージが別のパッケージを内部に取り込むことです。インポートは点線矢印にステレオタイプ《import》を付与して記述します。図11.8では、パッケージBがパッケージAにインポートされていることを表しています。インポートにより、パッケージAはパッケージBに含まれるモデル要素を特に明記されていなくても利用できるようになります。

図 11.8: インポート

　依存との違いは、インポートされたふたつのパッケージは実質的にひとつとして扱われる点です。依存の場合はふたつのパッケージは分割されており、依存先のパッケージの中身までは知ることができない、あるいは知る必要がない場合に使われる関係です。図11.7のように、無線通信パッケージと依存の関係にある場合は、無線通信パッケージに含まれる無線通信機能を使うだけ、つまり通

信だけを行うことを意図しています。無線通信のユニットの中身を直接操作することは必要とされていないので、依存関係で充分です。別のパッケージの中身まで完全に把握して分割できない処理を行いたい場合にインポートを使用します。

多くの場合、インポートはパッケージを別のシステムで流用するときに用います。複数のシステム間で共通要素として取り出したパッケージを他のシステムで再利用する場合や、既存のシステムやソフトウェア部品を別のシステムに取り入れる場合です。

図11.9は自部販売機システムが、OSのLinuxをインポートしている場合の例です。Linuxとそれに含まれるソフトウェアモジュールをLinuxというパッケージとして表し、自動販売機のソフトウェアシステムはLinuxパッケージを取り込んで、Linuxのすべての機能を利用可能であることが表されています。

図11.9: 自動販売機ソフトウェアのインポートの例

第12章　アロケーション(Allocation)

12.1　アロケーション(Allocation)

アロケーション(Allocation)

　SysMLは「静的な構造」と「動的な振る舞い」を記述できます。このふたつは独立して存在しているわけではなく、ひとつのシステムを異なった視点からモデリングしたものです。この関係の可視化、つまり構造と振る舞いのふたつの図が同じシステム要素を指していることを表記できれば、システムを理解する手助けになります。SysMLにはこのための記述方法として、アロケーション記法が用意されています。

　アロケーションを記述するためには、ノート記法を使います。図12.1はアロケーション記述の例です。静的な構造を表す要素には「allocatedFrom」と割り付けられる動的振る舞いを記述します。動的な振る舞いを表す要素には「allocatedTo」と割り付ける静的構造を記述します。これにより、構造と振る舞いそれぞれに同じシステム要素を指す対になって存在している振る舞いと構造があることを読み手に伝えられます。

　図12.1では、内部ブロック図（構造を表す）の動作を実現するものがアクティビティ図のオブジェクトフローであることと、アクティビティ図（振る舞いを表す）によって実現されるものが内部ブロック図のアイテムフローとコネクタであることを表しています。

図12.1: アロケーションの例

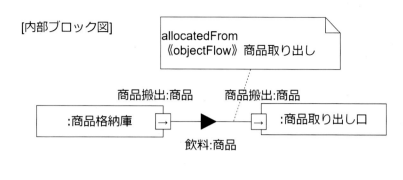

[内部ブロック図]

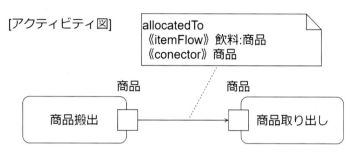

[アクティビティ図]

アロケーションの書式の書式を図12.2に示します。アロケーションは「振る舞いはどの構造上で実行されるか」を表す関係なので、振る舞い側に「allocatedTo」（振る舞いはアロケーションの根元なのでどこに向かっているのかを示すTo）、構造側に「allocatedFrom」（構造はアロケーションの到達先なのでどこから来たのかを示すFrom）を記述します。

要素タイプ(elementType)は、アロケーションの対象になっている要素の種類を記述します（要素の型ではありません）。要素名(elementName)は、ブロック定義図などで定義された要素の名前を記述します。

図12.2: アロケーションの記法

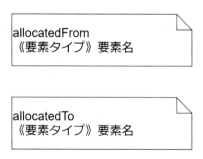

以下に、アロケーションで使われる要素タイプの例を示します。

表 12.1: allocatedFrom

表記	要素
activity	アクティビティ図のアクティビティ
objectFlow	アクティビティ図のオブジェクトフロー
objectNode	アクティビティ図のオブジェクト

表 12.2: allocatedTo

表記	要素
block	ブロック定義図のブロック
part	ブロック定義図のブロックのパート
connector	内部ブロック図のコネクタ
itemFlow	内部ブロック図のアイテムフロー

参考文献

・独立行政法人情報処理推進機構. SECBOOKS 成功事例に学ぶシステムズエンジニアリング. 独立行政法人情報処理推進機構, 2018, 152p.

・Weilkiens,Tim. SysML/UML によるシステムエンジニアリング入門—モデリング・分析・設計. 今関剛訳, 貝瀬康利訳. エスアイビーアクセス. 2012. 355p.

・Long,David; Scott,Zane. モデルベースシステムズエンジニアリング入門第2版.鈴木 尚志監修, 阿部稔訳, 秋元雅人訳, 岡田高輝訳, 白賢娥訳. ブイツーソリューション, 2019, 90P.

・坂本武志. SysML モデリング入門. NextPublishing Authors Press, 2019, 110p.

・Object Management Group. UML2.0仕様書 2.1対応 (Unified Modeling Language Specification). 西原裕善訳. オーム社, 2006, 881p.

・Miles, Russ; Hamilton, Kim. 入門 UML 2.0 (Learning UML 2.0: A Pragmatic Introduction to UML). 原隆文訳. オライリージャパン, 2007, 288p.

・Pilone, Dan; Pitman , Neil. UML2.0クイックリファレンス (UML 2.0 in a Nutshell: A Desktop Quick Reference). 原隆文訳. オライリージャパン, 2006, 239p.

著者紹介

杉浦 清博 (すぎうら きよひろ)

組込みソフトウェア技術者。放送大学大学院文化科学研究科修士課程修了。修士(学術)。20年以上にわたって組込みソフトウェア、特に機能安全ソフトウェアの開発に従事。

◎本書スタッフ
アートディレクター/装丁：岡田章志＋GY
編集協力：山部 沙織
ディレクター：栗原 翔
〈表紙イラスト〉
べこ
屋号：べころもち工房。デザイナー。「暖かくて優しい、しなやかなコミュニケーションを」をモットーに活動している。ゆるキャラとダムが好き。2児の母。群馬県在住。
サイト：https://becolomochi.com
Twitter：@becolomochi

技術の泉シリーズ・刊行によせて
技術者の知見のアウトプットである技術同人誌は、急速に認知度を高めています。インプレス NextPublishingは国内最大級の即売会「技術書典」(https://techbookfest.org/) で頒布された技術同人誌を底本とした商業書籍を2016年より刊行し、これらを中心とした『技術書典シリーズ』を展開してきました。2019年4月、より幅広い技術同人誌を対象とし、最新の知見を発信するために『技術の泉シリーズ』へリニューアルしました。今後は「技術書典」をはじめとした各種即売会や、勉強会・LT会などで頒布された技術同人誌を底本とした商業書籍を刊行し、技術同人誌の普及と発展に貢献することを目指します。エンジニアの"知の結晶"である技術同人誌の世界に、より多くの方が触れていただくきっかけになれば幸いです。

インプレス NextPublishing
技術の泉シリーズ　編集長　山城 敬

●お断り
掲載したURLは2023年1月1日現在のものです。サイトの都合で変更されることがあります。また、電子版ではURLにハイパーリンクを設定していますが、端末やビューアー、リンク先のファイルタイプによっては表示されないことがあります。あらかじめご了承ください。

●本書のご感想をぜひお寄せください
https://book.impress.co.jp/books/352216004201
アンケート回答者の中から、抽選で図書カード（1,000円分）などを毎月プレゼント。
当選者の発表は賞品の発送をもって代えさせていただきます。
※プレゼントの賞品は変更になる場合があります。

●本書の内容についてのお問い合わせ先
株式会社インプレス
インプレス NexrPublishing　メール窓口
np-info@impress.co.jp
お問い合わせの際は、書名、ISBN、お名前、お電話番号、メールアドレス に加えて、「該当するページ」と「具体的なご質問内容」「お使いの動作環境」を必ずご明記ください。なお、本書の範囲を超えるご質問にはお答えできないのでご了承ください。
電話やFAXでのご質問には対応しておりません。また、封書でのお問い合わせは回答までに日数をいただく場合があります。あらかじめご了承ください。
インプレスブックスの本書情報ページ　https://book.impress.co.jp/books/352216004201では、本書のサポート情報や正誤表・訂正情報などを提供しています。あわせてご確認ください。
本書の奥付に記載されている初版発行日から3年が経過した場合、もしくは本書で紹介している製品やサービスについて提供会社によるサポートが終了した場合はご質問にお答えできない場合があります。

■読者の窓口
インプレスカスタマーセンター
〒101-0051
東京都千代田区神田神保町一丁目105番地
TEL 03-6837-5016／FAX 03-6837-5023
info@impress.co.jp
■書店／販売店のご注文窓口
株式会社インプレス受注センター
TEL 048-449-8040／FAX 048-449-8041

技術の泉シリーズ

SysML入門

2023年2月17日　初版発行Ver.1.0（PDF版）

著　者　　杉浦 清博
編集人　　山城 敬
企画・編集　合同会社技術の泉出版
発行人　　高橋 隆志
発　行　　インプレス NextPublishing
　　　　　〒101-0051
　　　　　東京都千代田区神田神保町一丁目105番地
　　　　　https://nextpublishing.jp/
販　売　　株式会社インプレス
　　　　　〒101-0051　東京都千代田区神田神保町一丁目105番地

ISBN978-4-295-60140-1

NextPublishing®
●インプレス NextPublishingは、株式会社インプレスR&Dが開発したデジタルファースト型の出版
モデルを承継し、幅広い出版企画を電子書籍＋オンデマンドによりスピーディで持続可能な形で実現し
ています。https://nextpublishing.jp/